La investigació en l'àmbit de la cadena de subministrament

Albert Corominas

OmniaScience

Open Access Support

Si troba interessant aquest llibre li agrairíem que donés suport a l'autor i a OmniaScience per a poder continuar publicant llibres en Accés Obert.

Pot realitzar la seva contribució en el següent enllaç: https://doi.org/10.3926/oss.34

La investigació en l'àmbit de la cadena de subministrament

Autor:
Albert Corominas
Universitat Politècnica de Catalunya (UPC-BarcelonaTech)

ISBN: 978-84-946352-2-9
DOI: https://doi.org/10.3926/oss.34

ÍNDEX

PREFACI

Sobre l'origen d'aquest text, l'enginyeria d'organització i la seva relació amb la cadena de subministrament

El punt de partida d'aquest treball són les classes impartides per l'autor, entre 2007 i 2016, a les assignatures "Introducció a la investigació en logística", del màster universitari en Logística, Transport i Mobilitat (des del curs 2014-2015, "Introducció a la investigació a la cadena de subministrament", del màster universitari en *Supply Chain,* Transport i Mobilitat) i "Introducció a la recerca en enginyeria d'organització", del màster universitari en Enginyeria d'Organització. Per tant, pot servir, i en part està concebut amb aquesta finalitat, com a material per a aquestes assignatures o altres d'anàlogues.

Ara bé, com que enginyeria d'organització i cadena de subministrament són termes relativament nous, convé aclarir llurs significats i les relacions entre ells. Això és el que s'intenta mitjançant aquest PREFACI, una part de les NOTES i la discussió més extensa, en el cos principal del document, sobre l'origen i el significat de cadena de subministrament.

"Enginyeria d'organització" és un terme que sorgí com a conseqüència dels problemes que presentava l'ús d'altres expressions que es referien al mateix objecte.

En anglès, el que aquí entenem per enginyeria d'organització es diu *industrial engineering* i en els països de parla castellana, *ingeniería industrial,* amb l'excepció d'Espanya, on l'enginyeria industrial és un àmbit de l'enginyeria que comprèn, en un sentit ampli, les enginyeries elèctrica, mecànica, d'organització i química. Per aquest motiu, quan en els plans d'estudis d'enginyeria industrial de 1964 s'inclogué una especialitat d'organització se la denominà d'organització industrial: "Utilització racional i coordinada de les distintes parts d'una empresa, a fi d'aconseguir la màxima eficàcia dels mitjans utilitzats[1]". Uns trenta anys després s'implantaren estudis de segon cicle d'organització industrial i ara mateix existeixen graus d'organització industrial. No obstant, el terme "organització industrial" també presenta problemes. D'una banda, l'adjectiu "industrial" sembla suggerir que només es pot aplicar al sector secundari de l'economia, mentre que realment l'enfocament propi de l'organització industrial és apropiat per al disseny i la millora del funcionament de qualsevol organització. D'una altra, l'equivalent literal en anglès *(industrial organisation)* té un significat força diferent: "In economics, **industrial organization** is a field that builds on the theory of the firm by examining the structure of (and, therefore, the boundaries between) firms and markets[2]."

Finalment, "enginyeria d'organització" s'ha anat imposant i molts departaments d'universitats espanyoles tenen aquesta denominació, així com també titulacions de màster universitari, com ara el màster universitari en Enginyeria d'Organització de la UPC.

I en què consisteix l'enginyeria d'organització? Per respondre cal veure què és l'enginyeria i què és l'organització, i, si no ho tenim clar, els diccionaris ens poden ser de gran ajut.

El de l'Institut d'Estudis Catalans (DIEC) defineix l'enginyeria com el "conjunt de les tècniques que permeten l'aplicació dels coneixements científics a la indústria, les comunicacions, l'agricultura, l'aeronàutica, les obres públiques, etc.". I el de la *Real Academia Española* (DRAE) diu que consisteix en l'estudi i l'aplicació "por especialistas, de las diversas ramas de la tecnología" i que la tecnologia és el "conjunto de teorías y de técnicas que permiten el aprovechamiento práctico del conocimiento científico".

Quant a l'organització, òbviament és l'acció d'organitzar o organitzar-se i la "manera d'estar organitzada una cosa" (DIEC) i, segons el mateix DIEC, organitzar és:

---

[1] http://www.enciclopedia.cat/EC-GEC-0198001.xml

[2] https://en.wikipedia.org/wiki/Industrial_organization

"Donar (a quelcom) una estructura orgànica."

"Constituir (quelcom) de parts dependents entre elles destinada cadascuna a acomplir una funció especial. *Organitzar una festa. Organitzar un exèrcit.*"

"Disposar i coordinar (un conjunt de persones, de coses o de mitjans) per tal d'aconseguir una finalitat determinada. *Ha organitzat el repartiment de paquets per barris. Ha organitzat tots els nois i noies del barri per preparar una obra de teatre.*"

Per tant, l'enginyeria d'organització és la disciplina que tracta els problemes d'organització (disseny i gestió de sistemes que incorporen persones i elements tecnològics) des del punt de vista de l'enginyeria (aplicació pràctica del coneixement científic).

L'enginyeria d'organització comprèn conceptes i tècniques provinents de o relacionats amb:

- Organització industrial.
- Disseny i gestió de cadenes d'aprovisionament.
- Economia.
- Economia de l'empresa.
- Administració d'empreses.
- Investigació operativa.
- Estadística.
- Analítica[3].

I l'objecte de l'enginyeria d'organització és principalment, com s'anirà veient, la cadena de subministrament.

Donada la gran diversitat temàtica de l'àmbit de l'enginyeria d'organització és habitual que, segons qui en parli, i segons els seus interessos i la seva experiència, l'èmfasi recaigui en un aspecte o en un altre. Per tant, segurament aquest text no està exempt d'aquesta mena de biaix, a desgrat dels esforços per evitar-lo.

---

[3] "Analítica" és la traducció que proposo per a *analytics* (al respecte, vegeu p. 26).

Finalment, vull expressar l'agraïment al professor J. Olivella per l'atenta lectura d'una versió anterior d'aquest document i pels suggeriments que, sens dubte, han contribuït a millorar-lo. Tanmateix, sóc l'únic responsable de les opinions que hi expresso, com s'indica a la Nota 3 (p. 10), i de les errades que puguin haver subsistit.

NOTES

Nota 1. Sobre els objectius d'aquest text

L'estudiant que vol fer o que considera la possibilitat de fer un doctorat o, en general, les persones que desitgen emprendre activitats de recerca es troben sovint amb la dificultat de saber què és la investigació, com i en quin entorn es fa i com se'n donen a conèixer els resultats. Les respostes a aquestes preguntes són poc conegudes per les persones que no fan investigació i habitualment s'aprenen, més o menys lentament, a través del contacte amb els grups de recerca, sovint en el curs d'elaboració de la tesi doctoral.

Així mateix, per a les persones que volen fer aportacions innovadores en el si d'una organització és important saber distingir la recerca del que no ho és i on trobar-ne els resultats.

En l'àmbit de la cadena de subministrament hi ha dues dificultats afegides. D'una banda, la manca d'una definició generalment acceptada del concepte de cadena de subministrament, agreujada per la poca correspondència semàntica entre el terme "cadena de subministrament" i el contingut del concepte a què es refereix. D'una altra, el fet que en l'àmbit de la cadena de subministrament, com en tots els de gestió, al costat de les publicacions de recerca en proliferen d'altres de divulgació, de merament especulatives o que fins i tot es podrien classificar com d'*autoajuda,* totes les quals es presenten de vegades com si fossin resultats de recerca.

Tot plegat allarga el temps transcorregut entre el moment que l'estudiant decideix fer recerca i el moment que comença realment a fer-ne i també repercuteix sobre la productivitat i la qualitat de l'activitat investigadora.

Hi ha poques publicacions que ajudin l'estudiant a superar aquestes dificultats. En aquest text en cito algunes, però l'objectiu és que el text mateix serveixi perquè l'estudiant s'introdueixi ràpidament en el món de la recerca i, en particular, en el de la recerca en l'àmbit de la cadena de subministrament.

S'ha exclòs[4] qualsevol consideració relativa a la filosofia de la ciència i els seus diferents corrents. Així mateix, s'ha exclòs una discussió general sobre el mètode científic, atès que en l'àmbit de la cadena de subministrament coexisteixen temàtiques i problemes molt diversos que s'han d'abordar amb metodologies variades.

Nota 2. Sobre la terminologia emprada

Com es discuteix en el mateix text, recerca i investigació són termes sinònims i, per tant, he fet ús, indistintament, de l'un i de l'altre.

L'única dificultat terminològica rau precisament en el terme "cadena de subministrament". L'original *"supply chain"*, de per si poc afortunat, ha estat objecte de dues traduccions al català: "cadena d'aprovisionament" i "cadena de subministrament" (en castellà, en canvi, s'ha imposat exclusivament "cadena de suministro"), la darrera de les quals he adoptat (sense perjudici de referir-m'hi, per a abreujar, com a SC, de *supply chain*) perquè considero que expressa una mica millor el concepte.

Nota 3. Fets i opinions

En aquest text es descriuen fets i s'exposen opinions. Pel que fa a aquestes, si no hi ha una referència explícita, són les de l'autor del text, que n'és l'únic responsable. Per aquest motiu, alguns fragments estan redactats en primera persona del singular, cosa poc freqüent en textos docents o de recerca, però que resulta més clara en determinades ocasions.

---

[4] Amb l'excepció dels comentaris de la nota al peu 35, a la pàgina 55.

Nota 4. Ús del gènere

El debat sobre si en català (i en castellà) el masculí és un gènere no marcat (és a dir, si serveix per referir-se genèricament a persones de les quals no s'ha especificat el gènere o a col·lectius amb persones d'ambdós gèneres) no es pot considerar tancat. Si s'adopta la posició que no hi ha un gènere marcat sorgeixen problemes de redacció diversos si s'ha de fer referència a persones no especificades (per exemple: autores i autors, avaluador i avaluadora, editor i editora). En anglès te'n pots sortir amb un *s/he* i un *her/his* de tant en tant, però en català de vegades no hi ha altra recurs que incloure femení i masculí a la mateixa sentència. Com que si aquesta fórmula es reitera gaire la lectura resulta una mica pesada, en ocasions he optat per fer servir el femení, que, a més, també es pot entendre com a referència a persones (és a dir, per exemple, "les avaluadores", es pot veure, també, com a resultat de l'elisió de "persones" en "les persones avaluadores").

Capítol 1

QUÈ ÉS LA RECERCA, ON ES FA I QUI EN POT I N'HA DE FER ÚS

Segons el diccionari de l'Institut d'Estudis Catalans, investigar és "cercar de descobrir o conèixer (alguna cosa) indagant i examinant atentament tot vestigi, tot indici, etc." i recercar, "cercar amb tota cura, amb atenció, per trobar o descobrir (alguna cosa)". Es tracta, per tant, en aquestes accepcions, de dos termes sinònims. En el diccionari de la *Real Academia Española* s'hi troba una accepció de *"investigar"* ("realizar actividades intelectuales y experimentales de modo sistemático con el propósito de aumentar los conocimientos sobre una determinada materia") que és interessant perquè fa referència al caràcter sistemàtic de la recerca i emfasitza que l'objectiu és augmentar els coneixements sobre una matèria determinada.

Per tant, la recerca és una activitat l'objectiu de la qual és augmentar els coneixements. Ara bé, ens podem preguntar de quins coneixements parlem quan parlem d'augmentar els coneixements. Quan algú estudia un llibre augmenta els *seus* coneixements, però és clar que no fa recerca. Però de vegades es qualifiquen com a activitats d'investigació les cerques via la Internet o els treballs de camp (una persona, estudiant de primària, per exemple, pot ser que no sàpiga els noms dels carrers que hi ha al voltant del seu centre i que aconsegueixi esbrinar-ho mitjançant un passeig sistemàtic per l'entorn). Ara bé aquestes activitats no descobreixen res que no sigui ja conegut per molta gent i a l'abast de tothom que tingui la formació necessària per comprendre-ho. Això sí, augmenten els coneixements de la persona que les duu a terme, la qual pot arribar a pensar en algun cas que ha descobert alguna cosa que no sabia ningú. En aquest cas podríem parlar per tant de *recerca subjectiva.* La persona que la fa potser creu que és recerca, però no ho és, perquè només es pot considerar pròpiament com a recerca el que podríem denominar *recerca objectiva,* és a dir, les activitats que tenen la finalitat de generar coneixents nous (tant si ho aconsegueixen com si no), en el sentit, per més que pugui semblar excessivament solemne o retòric, que són nous per a la humanitat[5]. Això i no una altra cosa és el que es vol expressar quan es diu, més planerament, que el resultat d'una activitat de recerca ha de ser original[6].

De la qual cosa es desprèn que abans d'emprendre una recerca cal determinar molt precisament què sap la humanitat sobre la matèria de què es tracti[7]. Per fer recerca i per exposar-ne els resultats cal establir, doncs, el corresponent *estat de l'art,* la qual cosa exigeix un esforç considerable, ja que, si bé es disposa ara d'instruments molt potents de cerca i consulta, el volum de publicacions existents sobre qualsevol matèria, per especialitzada que sigui, és immens. Però és un esforç indefugible, perquè evita el perill de descobrir mediterranis i perquè sense un estat de l'art solvent cap treball de recerca és publicable en un mitjà seriós (en efecte, n'hi ha que no en són: d'aquesta qüestió se'n parla més

---

[5] Es publiquen molts treballs de recerca, però molt pocs de reflexió sobre la recerca i la gent que en fa (tot i que darrerament se'n detecta un increment, possiblement com a conseqüència del volum creixent de l'activitat de recerca a tot el món). Entre aquests: Booth *et al.* (1995), Nielsen (2004), Creedy (2008), Silver (2009), Sodhi i Tang (2014).La lectura d'aquests textos és especialment recomanable per a l'estudiant de doctorat, que s'inicia a la recerca, i per a totes les persones que es plantegen dedicar-s'hi professionalment. Les que ja s'hi dediquen trobaran elements interessants, particularment sobre el procés de publicació, a Clark *et al.* (2016).

[6] Discrepo radicalment, per tant, de Booth *et al.* (1995) quan afirmen que "investigació és simplement recollir la informació que cal per respondre una pregunta i contribuir així a resoldre un problema" i posa com a exemples de problemes, entre altres, adonar-se que no tens la bitlletera, necessitar saber on va nàixer la Betty Friedan o aprendre més sobre una nova espècie de peixos sobre la qual has tingut notícies (i apunten, com a via de solució per a aquest darrer problema, la consulta al *New York Times*).

[7] Aquí cal precisar que s'ha de considerar que la humanitat té un coneixement quan aquest és a l'abast de tothom que el pugui comprendre, és a dir quan s'ha publicat en algun suport raonablement accessible. Si el coneixement està reservat a una persona, un grup de persones o una organització, el fet d'assolir-lo per altres vies i fer-lo públic s'ha de considerar també com a recerca.

endavant); no deixa de ser sorprenent, per tant, que textos d'introducció a la recerca no facin èmfasi en la importància d'elaborar l'estat de l'art o que fins i tot no l'esmentin.

Ara bé, tota activitat que genera un coneixement nou per a la humanitat pot ser considerada com a recerca? Un exemple extrem: comptar quantes fulles té un arbre determinat; es tracta d'una tasca laboriosa i difícil, el resultat de la qual, tanmateix, d'entrada no serveix per a res ni interessa a ningú. En un altre extrem, des del punt de vista de la utilitat, podríem posar molts exemples, com ara establir un procediment efectiu per dur a terme la fusió nuclear. Però entremig d'aquests dos extrems hi ha infinitat de casos més o menys dubtosos, quant a si són o no recerca, com ara fer la llista de les empreses d'un país que tenen un departament de gestió de la qualitat, posem per cas.

El paràgraf anterior potser suggereix, però en tot cas no afirma, que el recompte de les fulles d'un arbre no és recerca i que establir un procediment efectiu de fusió nuclear, sí. Però, per què el recompte de fulles no és recerca? Perquè no serveix per a res? No, hi ha molts descobriments que aparentment no serveixen per a res i que realment acaben no servint per a res i que, tanmateix, són considerats com a recerca. Perquè el resultat no interessa a ningú? Certament, si un resultat no interessa estrictament a ningú és molt dubtós que l'activitat amb què s'ha obtingut pugui ser considerada com a recerca. Però, a quantes persones hauria d'interessar el resultat d'una recerca perquè sigui reconeguda com a tal? Aleshores, per què l'hipotètic recompte de les fulles de l'arbre no és recerca? Perquè el resultat n'és una dada aïllada, que no dóna elements per construir una teoria ni per validar-la, ni és un instrument molt valuós o indispensable per a altres recerques (com ho fou en el seu moment, per exemple, establir la constant de la gravitació universal o la velocitat de la llum en el buit).

Més endavant (secció 4) es discuteix què pot ser el resultat d'una recerca, però avanço aquí que no crec que es pugui considerar com a recerca la mera recollida de dades, si no s'emmarca en l'elaboració o la validació d'una teoria, és a dir, un model de la realitat que permet obtenir respostes sobre el comportament d'aquesta[8].

---

[8] Steven Toms, en el capítol 29 ("Publishing historical papers in management journals and in business history journals") de Clark *et al.* (2016) diu "Where the researcher, for example, notes a previously undiscovered fact about fish processing in the nineteenth century, unless they can also show how the wider literature should be modified in consequence, the research will be unsuitable for publication" (pp. 248-249).

D'acord amb això, comptar les fulles d'un arbre o fer la llista de les empreses d'un país que tenen un departament de gestió de la qualitat pot ser recerca o no, segons el context en què tinguin lloc aquestes activitats.

Crec que vénen aquí a propòsit unes reflexions de Robert Hutchins, en el seu llibre *La universidad de Utopía* (Hutchins, 1959[9]). Diu Hutchins que "la mera acumulació de dades sobre algun tema, encara que sigui de summa importància" no és pròpia d'un universitari, llevat que aquest sigui capaç "de pensar i de parlar sobre les idees implicades en aquests fenòmens" (p. 80). Perquè, per Hutchins, "investigar significa pensar sobre problemes importants" i "si investigar no implica pensar, com succeeix, segons crec, amb bona part del que es denomina investigació, aleshores està fora de lloc en una universitat" (pp. 51-52) i "arreplegar informació amb el propòsit de pensar-hi és una funció legítima en un membre d'una universitat, però només a condició que mediti sobre aquest material" (p. 53).

I la fusió nuclear? En l'estat actual de coneixements cal encara, sens dubte, molta recerca, però per arribar a una explotació industrial del fenomen també caldrà desenvolupament i innovació. Aquests tres conceptes, investigació (I), desenvolupament (D) i innovació (i) es presenten sovint com les tres parts successives d'un tot: **I+D+i** (en negreta en aquest paràgraf per evitar confusions tipogràfiques), tot i que no sempre es produeix aquesta successió: la **I** pot anar sola, pot haver-hi **I+D** sense **i** i també hi pot haver **i** sense **I+D** (en canvi, la **D** no pot anar mai sola: abans hi ha d'haver **I**). La **I** correspon a la investigació, a l'aportació de nous coneixements. La **D**, desenvolupament, permet passar dels coneixements al prototip. La innovació, **i**, es refereix als processos productius i als productes i es pot derivar d'una **I+D** o, senzillament, ser el resultat de la idea d'incorporar, per exemple, una funció nova a un producte o d'aplicar un mètode conegut per millorar un procés.

Per tant, la recerca es fa en:

- Organismes públics d'investigació.
- Universitats (a Catalunya, com en tot Espanya i en la major part de països europeus, essencialment, però no exclusivament, a les universitats públi-

---

[9] La traducció al català de les cites s'ha fet a partir de l'edició en castellà, que és la que figura a les referències. La de l'edició original és: Hutchins, R. M. (1953) *The University of Utopia*. The University of Chicago Press.

ques; en els Estats Units, en canvi, entre les universitats que fan recerca estan representades més equilibradament les públiques i les privades). A Catalunya i a tot Espanya, les unitats bàsiques de recerca són els grups de recerca, que poden treballar en el si d'instituts universitaris de recerca o de departaments.

- Empreses[10] i associacions d'empreses (de fet, la recerca pròpiament dita només es duu a terme en poques empreses, preferentment grans o molt grans, i, més rarament, en entitats promogudes per consorcis d'empreses, sense o amb participació del sector públic).

El desenvolupament, en centres tecnològics, centres universitaris d'enginyeria i empreses.

La innovació, només a empreses, perquè és on tenen lloc els processos de producció. Les universitats poden ser innovadores pel que fa a les activitats que els són pròpies, però, com a tals universitats, no poden innovar productes ni processos en el sector de l'automoció, posem per cas, tot i que resultats de la recerca que s'hi fa poden desembocar en innovació en el sector i àdhuc poden crear empreses innovadores que aprofitin resultats de I+D obtinguts a la mateixa universitat[11].

---

[10] En aquest text, per no carregar la redacció, el terme empresa, si no es diu explícitament o del context se'n dedueix una altra cosa, es refereix a qualsevol organització que duu a terme un procés de producció de béns o de serveis. Pot ser, per tant, una empresa pública o privada, l'administració pública o organitzacions de tipus molt diversos que no són empreses, com ara associacions de tota mena, clubs esportius o *oenagés*.

[11] A Aghion *et al.* (2008) es diu: "if by being entrepreneurial it is meant that universities should be attuned to their environment, both social and economic, and reactive to it, then we agree. But if it means that universities should become very active agents in the market for 'innovation' and that they should strive to obtain a significant amount of financing in this way, then we are more reluctant. There may be better-designed institutions for this, for example technological centres and technological parks located close to universities (even with the participation of the latter in their management). Raising money through direct entrepreneurial activities may be tempting (much of the needed equipment and human resources being in place and, perhaps, paid for) but the quantitative significance of these funds may easily be overestimated. The university has a core mission that is not business. It is education and research that only universities – and research centres – can accomplish: what is now commonly called 'frontier research'. University research is heavily subsidised because it is, or it should be, of the long-term, high-risk variety that could not be developed in the marketplace".

No és absolutament impossible fer recerca individualment i sense planificació, però gairebé tots els resultats rellevants de recerca els obtenen equips que treballen en projectes planificats per a un horitzó temporal d'alguns anys.

El finançament dels projectes, a més del que reben implícitament pel fet de desenvolupar-se en el si d'una institució, s'obté normalment en convocatòries competitives emmarcades en plans de recerca que poden ser d'àmbit estatal *(Plan Nacional de Investigación)* o internacional (en el nostre cas, bàsicament de la Unió Europea).

Una altra cosa és a qui interessa la recerca o, més precisament, els resultats de la recerca: potencialment, a totes les organitzacions que intervinguin en processos productius. Encara que hi pugui haver innovació sense recerca, no hi ha dubte que una part fonamental de la innovació es deriva de la recerca (només cal pensar en els desenvolupaments de la informàtica i les comunicacions a les darreres dècades) i que si una empresa vol ser sistemàticament innovadora s'ha d'esforçar per estar al corrent dels resultats de la recerca.

La investigació concerneix, òbviament, l'estudiant que vol fer-ne, que es vol doctorar i vol seguir després una carrera en l'àmbit de la recerca. I també l'estudiant que vol desenvolupar-se professionalment en el si d'empreses, perquè si vol contribuir-hi a innovar ha d'estar al dia quant als resultats de la recerca i ha de saber distingir la que és rellevant per als seus objectius.

Abans d'endinsar-nos en l'àmbit de la SC, tornem a Hutchins (1959): "En el sistema educatiu i, en particular, a la universitat, es tracta del problema de formar una comunitat pensant quan el seus membres no poden pensar junts perquè els resulta impossible comunicar-se entre ells. L'especialització fa que les persones especialitzades no puguin pensar ensems perquè llur formació i llur feina els allunyen de les altres persones" (p. 66); "[...] l'especialista necessita, per no trobar-se en un carreró sense sortida, que cada especialitat pugui il·luminar totes les altres. Tot especialista, per tant, ha d'estar en condicions de captar la llum que provingui de qualsevol camp" (pp. 59-60). Això ho escrigué Hutchins fa més de seixanta anys i des d'aleshores l'esmicolament del saber ha progressat acceleradament. La comunitat científica està cada vegada més fragmentada en grups especialitzats en una temàtica molt específica i que generalment no dediquen gaire atenció, si és que en dediquen cap, als progressos que tenen lloc en altres camps. Aquest estat de coses sens dubte afavoreix que s'obtinguin nombrosos resultats incrementals, però no propicia els salts en el progrés del coneixement. En canvi, l'obertura de finestres cap a altres àrees permet conèixer mètodes i tècniques que són nous per a l'àrea pròpia i n'afavoreixen la renovació i els avenços (pensem, per exemple, en la renovació i l'impuls que suposà per a la investigació operativa l'adopció de tècniques provinents de la intel·ligència artificial). Convé, doncs, que el recercador estigui, com digué Hutchins, "en condicions de captar la llum que provingui de qualsevol camp" i que procuri buscar-la. En aquesta mateixa línia Herbert Simon (Singhal i Singhal, 2012b) aconsellava, per fer el doctorat, "to stimulate the imagination, arm yourself with knowledge from many fields in order to approach the task from different angles".

La resta d'aquest document està organitzada com segueix. La secció 2 es dedica a l'evolució temàtica i terminològica que ha desembocat en el que és actualment l'àmbit de la cadena de subministrament. L'entramat d'entitats, activitats i publicacions que configuren el món de la recerca en el nostre àmbit és l'objecte de la secció 3. La 4 versa sobre els tipus de temes per a una tesi o un article de recerca. El procés de publicació d'un article es descriu a la secció 5. I el text conclou amb un diagnòstic de la situació actual i una proposta de perspectives.

Capítol 2

EVOLUCIÓ TEMÀTICA I TERMINOLÒGICA EN EL QUE ÉS ARA L'ÀMBIT DE LA CADENA DE SUBMINISTRAMENT

2.1. Elements d'història de la disciplina

Conèixer la història d'una disciplina permet comprendre'n millor el present i ajuda a prevenir recaigudes en errors o descobriments pretèrits.

Aquest present resulta de la confluència de corrents diversos que originàriament es desenvoluparen de manera força autònoma. D'una banda, l'evolució dels sistemes productius i de la gestió de les operacions en el seu si. D'una altra, l'ús de mètodes quantitatius, que rebé un impuls decisiu amb la investigació operativa i la informàtica.

El concepte de cadena de subministrament és el resultat d'una ampliació successiva del punt de vista sobre els processos d'aprovisionament, producció, distribució i recuperació, que han tingut lloc des dels albors de la humanitat. Àdhuc la recuperació de materials escassos i amb valor d'ús o de canvi (sílex, or, coure...) es remunta a les èpoques més primitives.

La història d'aquests processos està poc documentada fins que arribem a Adam Smith (1723-1790)[12,13] i, en particular, a la seva obra cabdal *An Inquiry into the Nature and Causes of the Wealth of Nations* (1776), en què, tot just al principi, descriu la producció en una factoria d'agulles de cap, en la qual el procés s'havia dividit en 18 operacions, distribuïdes entre 10 llocs de treball. Més enllà de la descripció, Smith fa ressaltar que aquesta divisió del treball permet un increment de productivitat considerable i l'atribueix a la facilitat d'aprendre operacions elementals, a la destresa que s'adquireix en repetir-les, l'estalvi de temps de canvi d'eina i també, tot i que això no era encara una realitat sinó una previsió de Smith, a la possibilitat d'automatització que s'obre amb la divisió del procés en operacions elementals[14].

Charles Babbage (1791-1871), segurament més conegut com a pioner de la informàtica, interessa aquí com a fundador de l'organització industrial (o, si voleu, l'organització de la producció o l'enginyeria d'organització) com a disciplina cientificotècnica. Efectivament, fou el primer a enunciar que hi havia uns principis comuns als sistemes productius, aparentment tan diversos, cosa que havia deduït de la seva experiència professional. A la descripció d'Adam Smith de la fabricació d'agulles de cap Babbage hi afegí la quantificació (temps i cost de cada operació) i un avantatge que Smith no havia esmentat, és a saber, que com que el nivell de retribució de cada persona corresponia a la tasca assignada que exigís la qualificació més alta, la divisió del treball implicava una reducció de costos del conjunt del procés.

Babbage s'avançà al seu temps. Les aportacions de Frederick Winslow Taylor (1856-1915), en canvi, s'esdevingueren quan els sistemes productius, en països com els Estats Units, havien evolucionat de tal manera que les podien recollir i treure'n profit. El triomf del taylorisme fou possible perquè la divisió del treball

---

[12] Hi ha poques excepcions. Les més notables són les descripcions del funcionament de l'Arsenal de Venècia. Al respecte, cfr. George Jr. (1974) i http://www.cabovolo.com/2008/02/el-arsenal-de-venecia-la-primera-fbrica.html, http://ca.wikipedia.org/wiki/Arsenal_de_Ven%C3%A8cia

[13] Podeu trobar més informació sobre els autors esmentats i llurs obres a la Internet i, especialment, a la Viquipèdia.

[14] Un precedent sorprenent d'Adam Smith, pel que fa a la descripció dels avantatges de la divisió del treball i a la consideració que aquesta és possible quan el mercat té prou dimensió es troba a la *Ciropèdia*, de Xenofont, escrita entorn de 370 a. C. (agraeixo al professor Alberto García-Villoria haver-me donat aquesta informació).

estava fortament implantada en una part significativa dels sistemes productius i també perquè s'havien obert pas les idees de René Descartes (1596-1650) sobre el mètode científic: ser metòdic, dubtar sistemàticament, analitzar, sintetitzar i fer ús de llistes (que ara en diríem de control o *check-lists*). En síntesi, Taylor mesura temps i analitza els mètodes, per tal d'establir la millor manera *(best way)* de fer una feina i proposa un enfocament del treball caracteritzat per la fragmentació, la reglamentació (la persona que executa la feina l'ha de fer d'acord amb el que ha estipulat l'oficina de mètodes) i la individualització (l'objecte d'estudi és el lloc de treball i no el sistema productiu).

Frank Bunker Gilbreth (1868-1924) aprofundí l'estudi dels moviments de treball, fent ús de filmacions cinematogràfiques i definí una llista de moviments elementals *(therbligs)* amb els quals es pot descriure qualsevol procés de treball. D'aquesta manera establí les bases dels sistemes de temps predeterminats. D'una altra banda, aplicà l'estudi del treball a activitats en què mai no s'havia fet: la construcció, la sanitat i l'exèrcit. Treballà conjuntament amb Lillian Evelyn Moller (1878-1972, més coneguda com a Lillian Moller Gilbreth), psicòloga industrial, amb la qual formaven una parella que va tenir dotze filles i fills[15]. En els quaranta-vuit anys que sobrevisqué a Frank, Lillian seguí fent aportacions rellevants a l'organització industrial.

Tot i que se sol atribuir a Henry Ford (1863-1947) la cadena de muntatge mòbil, els seus orígens es remunten, si més no, a l'Arsenal de Venècia i també se'n pot considerar un precedent el sistema d'especejament d'animals a l'escorxador de Chicago, en el qual s'ha dit que Ford s'inspirà. De tota manera, Ford tingué el gran mèrit de revolucionar la indústria automobilística i convertir el cotxe privat de producte de luxe en equipament a l'abast d'una proporció molt gran de la població. Això fou possible pel disseny del producte (el Ford T), pel muntatge en cadena mòbil, basat en una divisió del treball molt avançada i, sobretot, i això és el que més interessa aquí, per la seva concepció integral del sistema productiu i logístic. Es pot dir ara que Ford fou el primer que concebé, implantà i feu funcionar una gran cadena de subministrament.

Walter Rathenau (1867-1922), empresari i polític alemany, introduí el concepte de planificació agregada.

---

[15] Cfr. https://en.wikipedia.org/wiki/Cheaper_by_the_Dozen i https://en.wikipedia.org/wiki/Cheaper_by_the_Dozen_(1950_film)

L'any 1916 Henry Fayol (1841-1925) publicà *Administration industrielle et générale,* el llibre fundacional pel que fa a l'administració d'empreses i la funció directiva.

En paral·lel a aquestes contribucions industrials i conceptuals, es desenvolupà una línia quantitativa, de resolució de problemes d'organització amb el suport de models matemàtics. L'any 1909 Agner Krarup Erlang publicà l'article que inicià la teoria de cues, a partir de l'estudi que havia dut a terme sobre el flux de trucades a la centraleta telefònica de Copenhage. La fórmula per calcular el lot econòmic (EOQ: *Economic Order Quantity*), deguda a Ford Whitman Harris (1877-1962), es publicà l'any 1913.

Tanmateix, la desclosa de les tècniques quantitatives no tingué lloc sinó cap als inicis de la II Guerra Mundial (1939-1945) quan l'exèrcit britànic recorregué al suport d'equips de científics per analitzar i millorar les operacions militars. Així naixé la investigació operativa (*operational research* en el Regne Unit i *operations research* en els Estats Units), és a dir la investigació sobre les operacions militars que, vistos els resultats que assolí a la guerra, en acabar aquesta s'aplicà en l'àmbit civil. La investigació operativa sorgí com a resultat de la contribució de científics nombrosos, agrupats en equips multidisciplinaris. D'aquests, el més cèlebre fou el que es conegué com a *Blackett Circus,* que liderava el físic (premi Nobel de 1948) Patrick Maynard Stuart Blackett (1897-1974). També era físic el que es considera com el fundador de la investigació operativa als Estats Units, Philip McCord Morse (1903-1985).

El 1946 es presentà públicament l'ENIAC *(Electronic Numerical Integrator and Computer),* el primer ordinador electrònic programable i d'aplicació general. Fou un moment singular en el procés de desenvolupament incessant dels mitjans de càlcul, que ha ampliat decisivament les possibilitats d'aplicació de les tècniques quantitatives. Pocs anys després es posaren a la venda els primers ordinadors comercials (el BINAC, 1949, que no prosperà) i l'UNIVAC I (*UNIVersal Automatic Computer I,* 1951.)

L'algorisme símplex, per resoldre programes lineals, fou presentat per George B. Dantzig (1914-2005) l'any 1947.

L'any 1948 es fundaren l'*American Institute of Industrial Engineers* (des de 1981, *Institute of Industrial Engineers* i, des de 2016, *Institute of Industrial and Systems En-*

gineers: IISE), als Estats Units, i l'*Operational Research Club* (després, des de 1953, *Operational Research Society:* ORS), al Regne Unit.

L'IISE és una associació de caire predominantment professional, però que també edita revistes científiques.

L'ORS és l'associació científica d'investigació operativa més antiga del món. La seva activitat reflecteix un concepte de la investigació operativa molt ampli i orientat a l'aplicació, d'acord amb els orígens històrics de la disciplina.

Als Estats Units, l'any 1952 es fundà l'ORSA *(Operations Research Society of America)* i l'any següent, el TIMS *(The Institute of Management Science)*. Ambdues societats tenien uns àmbits temàtics força superposats i amb el temps s'anaren aproximant fins que l'any 1995 es fusionaren per donar lloc a l'INFORMS *(Institute for Operations Research and Management Science)*. De fet, OR i MS, en un ordre o en un altre, són termes que sovint van units (per exemple, constitueixen una categoria única en les principals bases de dades de revistes).

D'una altra banda, en els mateixos Estats Units, es fundà (1957), l'APICS *(American Production and Inventory Control Society)*, amb una orientació bàsicament professional, però que també ha promogut la publicació de diverses revistes científiques. Durant molts anys el tema principal de l'APICS fou l'MRP, però darrerament s'ha centrat en la SC fins al punt que l'any 2014 es fusionà amb el *Supply Chain Council.*

Entre 1955 i 1960 Holt, Modigliani, Muth i Simon publicaren els seus treballs sobre planificació agregada, amb els primers models matemàtics per tractar aquest problema.

Jay Wright Forrester (nascut el 1918) fou el fundador de la dinàmica de sistemes (el primer article sobre el tema el publicà el 1958). En el seu llibre *Industrial dynamics* (1961) aplica la dinàmica de sistemes a una xarxa de producció i distribució i mostra els efectes d'una pertorbació en un element de la xarxa en els altres. Es tracta d'una anàlisi del comportament d'una SC, tot i que el terme encara no existia. Aquesta anàlisi mostra, per cert, que, com a conseqüència dels errors de previsió, dels retards en la transmissió de la informació i dels temps de transport, es produeix el que molt més tard es denominà efecte *bullwhip* i que més pròpiament s'anomena efecte Forrester:

una pertorbació en un element de la xarxa s'amplifica en transmetre's més amunt.

L'any 1957 se celebrà, a Oxford, la primera reunió de la *International Federation of Operational Research Societies,* que es constituí formalment el 1959.

Els canvis en la manera de veure i abordar els problemes de gestió de la producció es reflectiren en els llibres de text d'Ellwood S. Buffa (el primer, *Modern production management,* de 1961), amb l'enfocament quantitatiu que ha predominat des d'aleshores.

L'aparició dels primers PCs, l'any 1981, fou molt rellevant, perquè estengué i facilità l'accés a recursos de càlcul que abans estaven centralitzats .

El terme *supply chain* apareix per primera vegada, sense una definició explícita, en un article d'Oliver i Webber (1982).

Poc després es reforça la idea que potser s'ha anat massa lluny en l'ús de tècniques quantitatives, en el sentit que s'ha centrat l'atenció en les tècniques mateixes i no en els problemes que han d'ajudar a resoldre. Sorgeixen així l'*European Operations Management Association* (EUROMA, 1984) i la *Production and Operations Management Society* (POMS, 1989).

Finalment, als voltants del canvi de segle, coincidint amb les grans i creixents disponibilitat i facilitat de tractament de dades, es comença a parlar, i ara estan en voga, de *big data* i d'analítica (*analytics;* vegeu Holsapple *et al.*, 2014)[16]. Aquests són termes encara una mica nebulosos dels quals es poden trobar definicions poc coincidents, que van des de dir que l'analítica és la tècnica de trobar patrons significatius en les dades a considerar que consisteix a aplicar la informàtica, la investigació operativa i l'estadística a la resolució de problemes de l'empresa.

---

[16] Deu anys després que Davenport (Davenport, 2006) introduís el terme, ja es té una certa perspectiva sobre els assoliments, d'una banda, i les dificultats d'aplicar l'analítica, d'una altra, (Cummings, 2016: "After more than 10 years it is still with us but if it is to survive it will need to become more rigorous, more scientific and more accountable"). Cfr. http://sloanreview.mit.edu/projects/strategy-drives-digital-transformation/

2.2. Evolució dels punts de vista i de la terminologia

Essencialment, l'evolució terminològica ha consistit a passar de parlar de producció a parlar de logística i, finament, de cadena de subministrament.

Fins ben entrada la meitat del segle XX es parlava de producció, de fabricació o de manufactura i la logística era un terme d'ús bàsicament militar. En anglès es parlava de *production management,* però en el curs dels anys 60 del segle passat aquest terme fou substituït progressivament per *production/operations management,* amb què es donava a entendre que es referia a la manufactura i als serveis, però finalment predomina *operations management* (abreujadament, OM).

A l'especialitat d'Organització Industrial, del pla d'estudis d'Enginyeria Industrial de 1964, a l'ETSEIB, així com també en les altres escoles d'enginyeria industrial, una de les assignatures vertebradores de l'especialitat era l'Organització de la Producció, que comprenia el disseny del sistema productiu i la direcció d'operacions. Molt més tard, el pla d'Enginyeria d'Organització Industrial, de 1995, incloïa l'assignatura Disseny de Sistemes Productius i Logístics. Aleshores el terme logística ja era present en l'àmbit acadèmic, en tot el món. També era d'ús força comú, però en una accepció diferent.

Com s'ha indicat abans, la logística és un terme d'origen militar que en els anys 80 del segle passat adquireix un significat empresarial. El *Diccionari de la llengua catalana* (1982) defineix així la logística *industrial* "Estudi complet del moviment de materials a la indústria i que comprèn el de les primeres matèries des de llur origen, fins a l'expedició del producte acabat a fi d'arribar al mercat o client". Aquesta definició de logística industrial inclou, per tant, com a part de la logística, les operacions de manufactura.

Darrera de l'ús acadèmic del terme logística hi havia la idea de no considerar aïlladament les diverses parts del flux aprovisionament-manufactura-distribució i plantejar l'objectiu d'optimitzar el disseny i el funcionament del sistema i no els de cada un dels seus components.

Ara bé, hi havia una accepció acadèmica de logística, però s'interpretava d'una manera ben diferent en els entorns empresarials, on la logística es refereix a magatzems i transports i on es distingeix entre logística d'aprovisionament i logística de distribució i on les persones responsables de la logística s'ocupen habitualment de l'una o de l'altra i tenen, per tant, una responsabilitat sobre una part de les operacions de l'empresa i no pas sobre l'harmonització de totes elles.

Potser aquest diguem-ne fracàs acadèmic en relació amb el concepte integrador de logística explica en bona part que s'hagi anat substituint pel de cadena de subministrament, que l'engloba i el supera. En els primers anys que seguiren al seu llançament, el terme "cadena de subministrament" no tingué gaire ressò, però després anà agafant força, primer com a alternativa al de logística i després com a expressió d'un nou concepte. És significatiu que a la col·lecció *Handbooks in Operations Research and Management Science,* de North-Holland, es publiqués, l'any 1993, *Logistics of Production and Inventory* (Graves *et al.*, 1993), en el qual SC no apareix a l'índex temàtic, i, deu anys més tard, *Supply Chain Management: Design, Coordination and Operation* (de Kok i Graves, 2003). L'any 2001 era ben viva la controvèrsia entre logística i SCM (Hall i Braithwaite, 2001; Lambert, 2001) i encara ressonava el 2007 a la web del *Council of Supply Chain Management Professionals* (que tres anys abans es denominava *Council of Logistics Management*), on, malgrat les extenses definicions de logística i de SC i les consideracions sobre la frontera entre l'una i l'altra, les coses no acabaven de quedar clares.

Ara mateix no hi ha una definició generalment acceptada de SC, però n'hi ha moltes força coincidents i, encara que no hi ha unanimitat, l'opinió molt majoritària és que SC és un concepte nou i més ampli que el de logística, que reflecteix les noves realitats en les organitzacions i que ajuda a entendre els nous problemes que s'hi plantegen. A Corominas (2013) s'hi troba una discussió més detallada.

Una SC es refereix a un producte o a un conjunt de productes i a una entitat dominant o que la lidera. Aquesta entitat decideix els objectius, els criteris per avaluar el comportament i la configuració de la SC i estableix les regles principals que en regeixen el funcionament.

Aleshores, una SC es pot definir com el conjunt d'entitats que, com a resultat d'una decisió de la que lidera la SC, col·laboren per tal d'obtenir, lliurar, utilitzar, mantenir i potser recuperar un producte o un conjunt de productes. Per tant, la gestió d'una SC es refereix als fluxos (de persones, de materials, de serveis, d'informació, financers) entre les entitats que pertanyen a la SC i a les operacions que han de tenir lloc en algunes d'elles.

D'acord amb aquesta definició:

- Només les entitats que col·laboren "com a resultat d'una decisió de la que lidera la SC" tenen la condició de membres de la SC. Altrament, fins i tot les SCs més simples tindrien dimensions desmesurades, perquè els proveïdors tenen proveïdors i així successivament. Per descomptat, l'entitat que lidera la SC decideix qui són els seus proveïdors, però segurament no pot decidir qui són els proveïdors dels seus proveïdors; en aquest cas, els proveïdors dels proveïdors han de ser considerats externs a la SC, encara que realment hi contribueixen.

- Una SC és una xarxa, és a dir, un conjunt d'elements i un conjunt de relacions entre ells (per cert, una SC, en general, no és una *cadena*).

- La SC no sols inclou el fabricant (si és aquest el cas) i els seus proveïdors, sinó també transportistes, magatzems, detallistes i fins i tot els mateixos clients (Chopra and Meindl, 2015); també formen part de la SC els serveis postvenda.

- La gestió de la SC (SCM) es refereix a totes les activitats que hi tenen lloc (entre altres, disseny del producte, màrqueting, operacions, distribució, finances i servei al client), la qual cosa inclou els fluxos directes i inversos de totes classes.

Capítol 3

L'ENTRAMAT DE LA COMUNITAT CIENTÍFICA: SOCIETATS, CONGRESSOS I REVISTES

3.1. Societats científiques

Les societats científiques[17], normalment sota la figura jurídica d'associació, són entitats amb un àmbit de coneixement específic que ofereixen als seus membres serveis diversos de suport al desenvolupament de llurs activitats científiques en aquell àmbit. Poden tenir un caràcter estrictament científic o estar més orientades a l'exercici professional. Normalment no hi ha requisits per ser-ne membre i, com a contraprestació de la quota, proporcionen:

- Notícies sobre novetats científiques, tendències i activitats, com ara conferències, cursos i congressos.
- Informació sobre productes (bàsicament, publicacions i programari) rellevants per a la recerca o per a l'activitat professional.
- Cursos organitzats per la mateixa societat científica.

[17] No s'han de confondre amb els col·legis professionals, de composició i finalitats ben diferents dels de les societats científiques.

- Publicacions.
- Congressos organitzats per la mateixa societat científica.
- Descomptes en les quotes dels congressos organitzats per la mateixa societat científica i en les subscripcions de publicacions.

Pertànyer a una societat científica no implica cap mèrit, però si una persona es vol dedicar a la recerca i estar al dia del que passa en el seu àmbit ha de ser membre d'una o més societats científiques. És a dir, el fet de no pertànyer a cap societat científica és un indicador de poca implicació en la recerca.

En l'àmbit espanyol hi ha dues societats que tenen relació amb la SC: l'ADINGOR (*Asociación para el Desarrollo de la Ingeniería de Organización*, http://www.adingor.es/), fundada en 1999, que organitza un congrés anual (CIO: *Congreso de Ingeniería de Organización*), i la SEIO (*Sociedad de Estadística e Investigación Operativa*, http://www.seio.es/), fundada en 1962 com a *Sociedad Española de Investigación Operativa,* que organitza congressos sesquianuals. Aquesta última, no obstant, s'ha centrat cada vegada més en la investigació operativa i en l'estadística i els temes relatius a la SC tenen poca presència en les seves activitats. També tenen interès les activitats que organitza la plataforma tecnològica Logistop (http://www.logistop.org/).

Com s'ha indicat més amunt, els orígens de l'*Operational Research Society* (ORS, http://www.theorsociety.com/), del Regne Unit, la primera del món, cronològicament, en l'àmbit de la investigació operativa, es remunten a 1948 i les seves activitats segueixen reflectint el caràcter pluridisciplinari i aplicat dels equips pioners de la investigació operativa, sorgida precisament en el Regne Unit. L'ORS organitza els congressos YORnn (*Young Operational Research,* biennals, 2017: YOR20) i ORnn (*Operational Research,* anuals, 2017: OR59) i edita diverses revistes (*Journal of the Operational Research Society* –inicialment *Operational Research Quarterly*–, des de 1950; *Journal of Simulation, OR Insight, Impact Magazine* –les dues darreres amb un caràcter més aviat divulgatiu– i altres).

A la resta d'Europa cada país té la seva societat d'investigació operativa o similar (a França, per exemple, la ROADEF: *Recherche Opérationelle et Aide à la Décision Française,* http://www.roadef.org/content/index.htm), les quals estan integrades en l'EURO (https://www.euro-online.org/web/pages/1/home), que organitza dos congressos cada tres anys (són els anys que no hi ha congrés de l'IFORS, que té lloc cada tres anys) i patrocina l'*European Journal of Operational*

Research que, des que es començà a publicar l'any 1977, ha assolit gran projecció i prestigi. EUROMA és l'*European Operations Management Association* (http://www.euroma-online.org).

En altres àrees geogràfiques existeixen organitzacions anàlogues a l'EURO (ALIO: Asociación Latino – Iberoamericana de Investigación Operativa, http://www-2.dc.uba.ar/alio//) .

En els Estats Units tenen la base l'*Institute of Industrial and Systems Engineers* (IISE, http://www.iienet2.org/; publica el mensual *ISE,* amb una orientació professional i divulgativa, i és responsable d'IIE *Transactions*), INFORMS (https://www.informs.org/; organitza un congrés anual i publica *Operations Research* des de 1952, *Management Science* des de 1954, *Interfaces, OR/MS Today,* amb una orientació professional i divulgativa, i altres revistes), la *Production and Operations Management Society* (POMS, http://www.poms.org/; organitza un congrés anual i publica *Production and Operations Management* des de 1992) i l'*American Production and Inventory Control Society* (APICS, http://www.apics.org/; patrocinà el *Production and Inventory Management Journal,* amb una orientació pràctica, i el *Journal of Operations Management,* que és ara una de les revistes més prestigioses en aquest àmbit).

La *International Federation of Operational Research Societies,* IFORS (http://ifors.org/web/) , organitza un congrés triennal i patrocina les revistes *International Transactions in Operational Research* i *International Abstracts in Operational Research.*

La *International Foundation for Production Research* (IFPR, http://www.ifpr-icpr.net/) fou fundada el 1971 per tal d'organitzar congressos que aportessin contribucions a la revista *International Journal of Production Research,* que s'havia començat a publicar el 1961.

3.2. Congressos

En el nostre àmbit, un congrés (en anglès, *conference*) és una reunió en la qual la majoria d'assistents (des d'alguns centenars fins a uns pocs milers) presenten una síntesi de llurs més recents treballs de recerca, acabats o en curs. Els seminaris *(workshops)* en són una variant amb una temàtica restringida i, per tant, amb un nombre d'assistents menor.

Així doncs els nostres congressos són ben diferents dels esdeveniments massius i mediàtics, amb algunes característiques semblants a les de fires o salons, en què la majoria d'assistents hi va per rebre informació d'empreses i de productes.

És habitual que un congrés inclogui sessions plenàries o semiplenàries i sessions paral·leles (en els congressos més massius hi pot arribar a haver desenes de sessions simultànies). Les plenàries comprenen les formals d'inauguració i de cloenda i també conferències sobre temes potencialment interessants per a tots els membres del congrés, a càrrec de persones amb competència reconeguda. Les semiplenàries (dues de simultànies o de vegades més, encara que se segueixen denominant semiplenàries) consisteixen en conferències sobre temes més específics. En les sessions paral·leles es presenten les comunicacions; el temps per exposar-les se situa habitualment al voltant dels quinze o vint minuts i es reserva també un temps perquè les persones assistents a la sessió puguin formular preguntes.

Pel que fa al que s'ha de presentar perquè una comunicació sigui acceptada en un congrés, hi ha un espectre ampli de possibilitats. En un extrem, congressos com els d'EURO, IFORS i INFORMS només demanen un resum *(abstract)* d'un nombre molt limitat de paraules (com ara cinquanta); aquest sistema permet detectar si la comunicació és o no pertinent, però no, és clar, garantir-ne la qualitat. Una altre modalitat és que es demani un resum ampliat *(extended abstract),* valgui l'expressió, de, diguem, dues pàgines. En alguns casos, l'avaluació positiva del resum ampliat és només un requisit per poder presentar un text relativament extens (possiblement no tant com un article de revista d'extensió mitjana), que serà també objecte d'avaluació. En alguns casos aquestes avaluacions són merament resolutives (s'accepta o es rebutja); en d'altres, donen indicacions per fer-hi millores, que es poden incorporar al text definitiu.

Actualment, els textos presentats, tant si són resums, resums ampliats o textos complets són publicats pel congrés en un o altre suport. Ara mateix, pot ser un *pendrive,* amb documents en pdf, o paper. En aquest darrer cas pot tractar-se del llibre d'actes del congrés *(proceedings)* o bé de la publicació d'una selecció de les comunicacions en un llibre o número especial d'una revista.

La possibilitat de publicació de la comunicació vol ser un al·licient per participar en el congrés, però resulta ambivalent. Els processos de revisió de les comunicacions a un congrés són, per raons diverses entre les quals destaca la limitació de temps, menys exigents que els de revisió dels articles que es presenten a una revista. En conseqüència, la publicació de la comunicació en uns *proceeedings* o com a capítol d'un llibre es valora molt menys que la publicació d'un article en una revista reconeguda. D'una altra banda, un article de revista ha de fer una contribució inèdita, per la qual cosa la publicació d'un resultat de recerca via congrés pot impedir publicar-lo com a article de revista[18]. El resultat de tot això pot ser que en els congressos que publiquen els textos complets de les comunicacions només es presentin resultats no prou rellevants per ser publicats en una revista.

Els congressos els organitzen societats científiques en les quals predomina molt o quasi absolutament el personal acadèmic, per la qual cosa aquest també predomina entre les persones que assisteixen al congrés. Per a aquestes societats, els congressos constitueixen una font de finançament important, ja que les quotes per participar-hi solen cobrir amb escreix les despeses.

Per tant, l'assistència a un congrés resulta cara, perquè a més de la quota cal fer front a les despeses de desplaçament i d'allotjament. D'una altra banda, en la valoració d'un currículum no s'atribueix gaire pes a la presentació d'una comunicació en un congrés.

Aleshores, per què val la pena assistir-hi?

D'una banda, perquè a les sessions plenàries i semiplenàries de vegades es presenten temes emergents o síntesis excel·lents de l'estat de la recerca en un tema donat. A les sessions paral·leles es té accés als resultats més recents que si són prou rellevants s'acabaran publicant en una revista, però segurament uns anys més tard, a causa del temps necessari per al procés de revisió i edició, que es descriu en el punt 3.3; és a dir, les revistes són, diguem, un instrument per estar al dia, però amb alguns anys de retard.

D'una altra banda, un congrés permet sotmetre la feina pròpia a la consideració de persones que treballen en el mateix tema o en temes afins i que poden aportar crítiques i suggeriments.

---

[18] En el capítol 4 (Ben R. Martin, "Ethics and integrity in publishing"), p. 36, de Clark *et al.* (2016) hi ha unes breus orientacions sobre aquesta qüestió.

El congrés és un àmbit per conèixer i establir connexions amb aquestes persones. Aquestes relacions faciliten la mobilitat (estades en centres de recerca diferents del propi) i la realització de treballs de recerca conjunts amb membres de centres de recerca diversos.

Finalment, perquè, per poc pes que tingui la presentació de comunicacions a congressos en l'avaluació de la recerca, no deixa de ser-ne un element. Especialment, per omissió; una persona que fa recerca assisteix habitualment a congressos (si més no, un cada any) i, aleshores, el fet que una persona no assisteixi a congressos fa pensar que aquesta persona no està prou inserida en el món de la recerca.

3.3. Revistes

Els resultats de recerca rellevants es publiquen normalment en revistes reconegudes (una mica més endavant s'aclareix, o s'intenta aclarir, què és una revista reconeguda). Tot i que aquestes revistes també publiquen resultats poc rellevants i que es publiquen resultats rellevants en revistes poc reconegudes, normalment s'accepta que la recerca de qualitat és la que es publica en aquestes revistes i que ningú no té apreciació com a investigador o investigadora si no hi publica.

En l'àmbit de la SC, com en quasi tots, en el món hi ha milers de persones que investiguen i que volen publicar els resultats de llurs recerques. Tot i que algunes revistes arriben a totalitzar cada any centenars d'articles que ocupen milers de pàgines, el nombre d'articles que aspiren a ser publicats és molt superior al que poden publicar les revistes més prestigioses. Un fet que té conseqüències diverses. En primer lloc, que la taxa de rebuig d'articles d'aquestes revistes sigui del 80% o fins i tot superior al 90%. En segon lloc, que vagin sorgint revistes que aspiren a ser reconegudes. Finalment, que, d'uns anys ençà, proliferin revistes que publiquen ràpidament qualsevol cosa i cobren per fer-ho; aquestes revistes no ofereixen cap garantia de qualitat i no s'ha de caure en el parany de publicar-hi res, ja que això pot implicar fins i tot un desprestigi considerable.

En punts anteriors ja han aparegut els noms d'algunes de les revistes més antigues i prestigioses. Hi ha moltes més revistes de qualitat i tothom que investiga té familiaritat amb els seus títols[19], en molts dels quals hi figura *Supply Chain* o *Supply Chain Management* (sovint, es tracta de revistes més antigues que el mateix terme *Supply Chain* que han canviat de títol com a conseqüència de l'auge de la SC).

Com hem vist en apartats anteriors, moltes revistes han sorgit de la iniciativa d'una societat científica, però d'altres han resultat de propostes personals que han estat acollides per una editorial. Actualment, el procés d'edició material de les revistes l'assumeixen habitualment editorials especialitzades (que cada vegada són més grans i menys nombroses; actualment Elsevier, Springer, Taylor & Francis i Wiley editen la immensa majoria de revistes científiques del nostre àmbit). La responsabilitat científica recau en un o diversos editors i, de manera molt més tènue i indirecta, en consells editorials que tenen denominacions variades. Generalment, editors i membres dels consells són acadèmics de països molt diversos, tot i que en les revistes de matriu nord-americana pertanyen molt majoritàriament a universitats dels Estats Units.

Fa uns anys les revistes es publicaven impreses en paper i les que ja existien aleshores ho segueixen fent. Totes, o si més no totes les que estan vinculades a editorials importants, es publiquen també, en format *pdf*, en llurs pàgines web. Per tenir la revista en paper o tenir accés als *pdf* de tots els articles cal pagar una subscripció (també hi ha la possibilitat de comprar el *pdf* de cada article). Tanmateix, d'un temps ençà, hi ha revistes que es publiquen exclusivament via web i amb accés obert (algunes donen l'opció d'obtenir exemplars impresos, que s'han de pagar) i les revistes diguem-ne tradicionals admeten i fomenten que els articles es publiquin també en

---

[19] A les ja esmentades s'hi pot afegir, sense cap pretensió d'exhaustivitat: *Annals of Operations Research, Computers and Industrial Engineering, Computers and Operations Research, International Journal of Production Economics, Journal of Heuristics, Journal of Scheduling* i *Omega*.

Entre les que en el títol inclouen *logistics*: *EURO Journal on Transportation and Logistics, International Journal of Applied Logistics, International Journal of Logistics Management, International Journal of Logistics Research and Applications, International Journal of Logistics Systems and Management, Journal of Business Logistics, Journal of Logistics, Maritime Economics & Logistics, Naval Research Logistics* i *The Asian Journal of Shipping and Logistics*.

I, finalment, entre les que hi inclouen *supply chain*: *International Journal of Integrated Supply Chain Management, International Journal of Supply Chain Management, Journal of Operations and Supply Chain Management, Journal of Supply Chain Management, Supply Chain Forum: An International Journal* i *Supply Chain Management: An International Journal*.

Com es pot apreciar, el fet que diverses revistes tinguin àmbits temàtics molt similars o fins i tot totalment coincidents les obliga a adoptar títols complicats per distingir-se les unes de les altres.

accés obert, cosa que afavoreix la difusió de llurs continguts, amb la contrapartida que s'ha de pagar una quantitat no negligible a l'editorial.

En els projectes de recerca subvencionats sol ser obligatori des de fa uns anys que els articles derivats del projecte (desitjablement o obligadament publicats en revistes d'alt factor d'impacte) siguin d'accés obert (altrament no es tenen en compte). L'accés obert via la web de la revista té, com s'ha dit, un cost important, la qual cosa implica que una bona part de la subvenció finalment va a parar a les editorials i que aquesta part és més gran com més productiu és el projecte. Per això, s'admet que l'accés obert s'estableixi via dipòsits com ara *UPC Commons* (https://upcommons.upc.edu/), però s'ha de tenir molta cura en respectar les condicions específiques de la revista en què s'ha publicat l'article, que poden ser més o menys flexibles pel que fa a la publicació en el dipòsit de la versió definitiva o d'una versió quasi definitiva, és a dir, la que ha estat acceptada però no ha sofert encara el procés final per part dels serveis tècnics de l'editorial[20].

En les webs de cada revista, si s'hi té accés, s'hi pot trobar tots els números de la publicació (si la revista és molt antiga pot ser que els primers anys no estiguin disponibles), així com també els articles acceptats que encara no s'han incorporat a un número de la revista. En algunes, aquests articles poden correspondre a etapes diferents del procés d'elaboració: text acceptat pendent de correcció *(accepted manuscript)* i text corregit *(corrected proofs)*.

En el món es publiquen, en cada àmbit científic, centenars de revistes que tenen caràcter internacional. Però no totes són igualment exigents ni es valora de la mateixa manera que un article es publiqui en una revista o una altra.

Les revistes més valorades són les que es denominen *indexades*. Això significa que figuren en alguna base de dades de revistes, per a la qual cosa han de satis-

---

[20] De fet, hi ha un debat obert sobre el paper de les editorials (la immensa majoria de les revistes són editades per empreses privades) en el procés de difusió dels resultats de la recerca, atès que aquesta es nodreix bàsicament de fons públics, que autores i revisores aporten textos i informes a les editorials sense percebre per això cap retribució i que els costos de l'edició material dels articles són actualment molt baixos com a conseqüència de l'ús generalitzat de processadors de textos i altre programari. L'obstacle principal per al canvi del sistema actual són els procediments d'avaluació de la recerca (projectes, grups i persones) que es basen en els factors d'impacte i el fet que les revistes amb factors d'impacte alts pertanyen, amb poques excepcions, a les esmentades editorials privades.

fer unes condicions específiques, més o menys exigents, de cada base. Aquestes bases de dades mereixen consideracions diverses, però la que ostenta clarament la primacia és la JCR (*Journal Citation Reports,* de l'empresa Thomson Reuters), que comprèn SCI *(Science Citation Index)* i SSCI *(Social Science Citation Index),* cada una de les quals es subdivideix en *categories* temàtiques que contenen generalment algunes desenes o fins i tot algun centenar de revistes. Entre les bases de dades cal esmentar també *Scopus,* de l'editorial Elsevier, a partir de la qual es calculen els indicadors de *SCImago.*

Dintre de cada categoria les revistes es poden ordenar segons criteris diversos, dels quals el que se sol considerar més rellevant és el factor d'impacte, un quocient, que es calcula i publica anualment, en què el numerador és el nombre de vegades que han estat citats, en unes revistes determinades i en un temps especificat comptat des de la publicació de l'article, els articles publicats a la revista i el denominador és el nombre d'aquests articles. En molts sistemes d'avaluació de la recerca les revistes de cada categoria, ordenades de més a menys factor d'impacte, es classifiquen en tercils (o potser quartils) i la valoració a termini curt d'un article depèn del tercil en què s'ubica la revista en què es publica (en alguns sistemes només compten els articles en revistes del primer tercil), cosa que es basa en el doble supòsit que una revista és bona si i només si té un factor d'impacte alt i que si un article es publica en una revista bona, l'article és bo[21]. Certament, com

---

[21] Com dic una mica més avall, l'única manera de saber de cert si un article és bo és llegir-lo, si som competents en el tema de què tracta. Ara bé, per avaluar una persona o un grup caldria llegir molts articles i caldrien moltes hores per fer-ho. És més fàcil i econòmic, però no més fiable, basar l'avaluació en la del suport en què s'ha publicat l'article, i no en l'article mateix.

El creixement de l'activitat de recerca a tot el món i la necessitat d'avaluar-la, amb finalitats diverses, ha donat lloc fins i tot a una nova disciplina, la informètrica: https://en.wikipedia.org/wiki/Informetrics ("Not to be confused with **Informatics**. **Informetrics** is the study of quantitative aspects of information.[1] This includes the production, dissemination, and use of all forms of information, regardless of its form or origin. Informetrics encompasses the following fields:

- **Scientometrics**, which studies quantitative aspects of science
- **Webometrics**, which studies quantitative aspects of the **World Wide Web**
- **Cybermetrics**, which is similar to **webometrics**, but broadens its definition to include electronic resources
- **Bibliometrics**, which studies quantitative aspects of *recorded* information.")

Des de 2007 l'editorial Elsevier publica la revista *Informetrics.*

Es pot dir en certa manera que la informètrica és una metarecerca (és a dir, una recerca sobre la recerca), la utilitat de la qual es pot qualificar, si més no, de dubtosa.

que la pressió per publicar en revistes amb factor d'impacte alt és forta, aquestes revistes poden ser més exigents pel que fa a la qualitat del que accepten i, d'una altra banda, les persones que escriuen articles envien els que consideren bons a aquestes revistes. De tota manera, és clar que la publicació d'un article en una revista amb factor d'impacte alt no en garanteix una repercussió important. A la llarga, un indicador significatiu de l'impacte d'un article és el nombre d'articles publicats en revistes indexades que el citen; però aquest indicador només es pot considerar a mitjà i llarg termini, perquè és molt difícil que un article sigui citat un nombre apreciable de vegades en els primers anys posteriors a la seva publicació.

Sens dubte, hi ha una relació entre la qualitat d'una revista i els seus factors d'impacte en unes o altres bases de dades. Tanmateix, no sempre són les revistes amb factors d'impacte més alts les que són considerades com les millors per les persones que fan recerca en l'àmbit corresponent, entre altres coses perquè de vegades el factor d'impacte és poc estable i la posició de la revista en la categoria canvia significativament d'un any a l'altre. A més, no tots els articles que es publiquen en revistes bones són bons ni tots els bons articles es publiquen en revistes considerades bones i, per tant, no hi ha una relació directa i universal entre la qualitat de la revista (mesurada pel seu factor d'impacte) i la qualitat dels articles que s'hi publiquen. Així mateix, s'han expressat dubtes sobre la fiabilitat dels càlculs del factor d'impacte. Finalment, algunes revistes exerceixen formes diverses de pressió sobre autores i autors perquè en llurs treballs incloguin moltes referències d'articles publicats en la mateixa revista o en una revista afí de la mateixa editorial, cosa que pot implicar fins i tot l'expulsió temporal de la revista d'una base de dades. En general, les revistes procuren augmentar el seu factor d'impacte amb mesures diverses, algunes de les quals són apropiades i altres, no (Martin, 2016).

Per tots aquests motius, s'han proposat altres indicadors de la qualitat d'una revista o de la tasca de recerca d'una persona. El que darrerament ha tingut més èxit és l'índex *h* (índex de Hirsch[22]), que és l'enter *h* més gran tal que almenys *h* publicacions han rebut *h* cites. L'*i10-index* és el nombre de publicacions que han rebut almenys 10 cites. Per poder interpretar correctament aquests indicadors cal saber quines són les revistes considerades com a fonts vàlides de cites (una mateixa persona pot tenir valors diversos de l'índex *h* segons quina eina utilitzi per calcular-lo).

---

[22] Anàleg al que va proposar Arthur Eddington per avaluar ciclistes.

Els indicadors esmentats o qualsevol altre del mateix estil (és a dir, que resumeixen en un únic valor numèric una realitat complexa, com ho és la tasca de recerca d'una persona) no s'han d'absolutitzar. És a dir, que una persona tingui un índex *h* més gran que una altra no permet afirmar que la recerca de la primera sigui més rellevant que la de la segona. S'ha de tenir en compte, per exemple, que es pot tenir un índex *h* altíssim per la via de signar, com a coautor de desenes o fins i tot d'un centenar de persones (com és habitual en alguns àmbits científics), unes quantes desenes d'articles.

Els indicadors donen una idea de la quantitat i de la qualitat de l'activitat de recerca, però l'única manera de saber del cert si un article és bo o no és llegir-lo, si som competents en aquella matèria, o escoltar o llegir l'opinió d'una persona competent i fiable que l'hagi llegit.

Capítol 4

QUÈ POT SER UNA PEÇA DE RECERCA (UNA TESI O UN ARTICLE)?

Els resultats de la recerca es posen a disposició general mitjançant les tesis, els articles i, secundàriament, els capítols de llibres orientats a la recerca[23], les comunicacions a congressos i els documents de treball.

Per fer recerca i publicar-ne els resultats hi ha eines útils (un gestor de cites permet estalviar una mica de temps) o indispensables per a determinats tipus de recerca (cercadors de referències). Segons el cas, cal dominar determinades tècniques (programació) o saber fer ús de programari (optimitzadors, llenguatges de simulació, paquets estadístics). Però no s'ha d'oblidar mai que tot això no serveix per a res si no es té un tema de recerca i si no s'assoleix algun resultat en relació amb ell. Per escriure una tesi o un article l'únic estrictament indispensable (suposat el coneixement suficient de l'idioma corresponent) és tenir alguna cosa per explicar. Si se'm permet l'obvietat: si no tens res per explicar no pots explicar

[23] Els capítols de llibre solen tenir menys difusió que els articles de revista, llevat, potser, que el llibre tingui característiques excepcionals pel prestigi de l'editorial i de les persones que l'editen i la qualitat de les contribucions.

res. I, abans, s'ha d'haver determinat un tema de recerca; Silver (2009) ho diu així: "One cannot do research without having a topic!".

I com es troba un tema de recerca? Sabent moltes coses sobre una matèria o treballant amb algú que sàpiga moltes coses sobre una matèria[24,25]. I, sobre la base del coneixement profund d'un tema, dedicant hores a pensar intensament sobre les llacunes existents i la manera de contribuir a omplir-les.

Tanmateix, no és rar que textos d'orientació per fer recerca no esmentin o esmentin molt de passada aquesta qüestió bàsica (és a dir, que cal tenir tema, qüestió de recerca, procediment per respondre-la i resultat rellevant) i, en canvi, s'estenguin en qüestions que també són importants i que cal conèixer, però que no són primordials, com ara la selecció adequada de la revista en què s'intentarà publicar l'article, la manera apropiada de reaccionar davant de comentaris negatius en el procés d'avaluació de l'article o com saber si una revista considerarà com a autoplagi un article del qual s'ha publicat una versió com a document de treball o en les actes d'un congrés. Dels trenta-dos capítols de Clark *et al.* (2016), només un (Michael A. Hitt, "Publishing in the top journals: the secrets for success", pp. 163-167) està centrat en el *development of the capacity to excel,* que s'ha de basar en "intensos, perllongats i molt concentrats esforços per millorar el rendiment" (p. 163): tothom, en la nostra professió, diu, pot publicar en les revistes acadèmiques de més alt nivell "si desenvolupa la capacitat d'excel·lir, identifica una qüestió de recerca valuosa, construeix un marc teòric sòlid i assegura el rigor metodològic en el disseny de la seva recerca i en el desenvolupament del manuscrit" (p. 166); segurament és cert que qui faci tot això podrà publicar en les revistes de més alt nivell, però no és fàcil i requereix una combinació de capacitat i de voluntat mantinguda al llarg del temps.

---

[24] Silver (2009) especifica una llista de fonts de temes de recerca: llegir, anar a conferències i congressos, fer ús de sistemes d'informació sobre recerca, fer classes, fer consultoria, tenir relacions amb col·legues.

[25] Com ja s'ha apuntat més amunt, la possibilitat de fer recerca individualment no es pot excloure d'una manera absoluta, però, si més no en l'àmbit de la SC, s'ha de considerar com a extremadament remota; habitualment, la recerca es fa en el si de grups de recerca i s'articula a l'entorn de projectes de recerca, que es financen amb plans com ara el *Plan Nacional de Investigación* o els programes marc de la Unió Europea.

Discrepo novament de Booth *et al.* (1995) per la seva descripció de la cerca de tema com una aventura individual inspirada pels interessos de la persona que vol fer investigació.

En el mateix Silver (2009) també es recomana tenir activitat en més d'un tema de recerca, de la mateixa manera que una empresa ha de tenir una cartera de productes que es trobin en diferents fases de llurs cicles de vida[26].

Sigui quin sigui el tipus de recerca que es vol dur a terme, cal tenir consciència, i no dic que això sigui bo, ans al contrari, que, com es diu a Singhal i Singhal (2012b) "Editors i revisors de la comunitat de recerca tendeixen a acceptar articles que representen punts de vista establerts i a rebutjar els que enfoquen perspectives alternatives". I també que es publiquen més aportacions fragmentàries que síntesis, potser com a resultat d'un procés en què és difícil dir si hi ha moltes aportacions fragmentàries perquè són més fàcils de publicar o si se'n publiquen més perquè són més fàcils d'assolir i els equips de recerca els donen preferència.

Per a la discussió de què pot ser tema d'una tesi o d'un article de recerca[27] convé fer algunes consideracions sobre les diverses modalitats d'investigació en el nostre àmbit. O, millor, sobre les característiques que poden estar presents, en major o menor mesura, en cada modalitat.

Essencialment, podem situar cada treball de recerca en un espai de tres dimensions:

- Teòrica-pràctica.
- Qualitativa-quantitativa.
- Abstractiva-empírica.

Quant a la primera d'aquestes dimensions, cal dir que, tot i que es pugui parlar de recerca teòrica i de recerca aplicada, en aquest àmbit la recerca sempre ha de tenir com a finalitat, més o menys immediata, l'aplicació. La recerca teòrica consisteix

---

[26] Una persona que vol que la recerca sigui un component significatiu de la seva activitat durant tota la seva vida laboral ha de desenvolupar estratègies apropiades (cfr. Mike Wright, "Sustaining a publications career", cap. 5 de Clark *et al.*, 2016) i aquesta analogia amb la cartera de productes d'una empresa li pot ser útil, a condició que no confongui els resultats de la recerca amb mercaderies (com es podria desprendre de la mera lectura del capítol de Wright) i no perdi de vista que del que es tracta és de fer aportacions rellevants al patrimoni col·lectiu de coneixements.

[27] Actualment, una tesi ha de generar articles, ja abans que sigui defensada davant del tribunal, perquè altrament, llevat que no tingui unes característiques molt especials que ho justifiquin, serà considerada com de poca qualitat. Més encara, molts programes de doctorat no admeten a tràmit una tesi si no ha generat publicacions en quantitats i qualitats especificades.

a elaborar conceptes o teories. La pràctica, a desenvolupar eines que permetin resoldre o contribueixin a resoldre problemes concrets o en la resolució de problemes concrets mitjançant una combinació original d'instruments coneguts.

La dimensió qualitativa-quantitativa no requereix explicacions.

En canvi, la contraposició abstractiva-empírica és més complexa i la terminologia no ajuda gaire a entendre-la. A Gupta *et al.* (2006), dedicat a la recerca empírica, es tendeix a identificar, impròpiament, la que no ho és amb recerca poc pràctica. De fet, tota la recerca en l'àmbit de la SC s'ha de referir a la realitat i la realitat es coneix mitjançant l'observació i, per tant, tota recerca en l'àmbit de la SC es podria considerar empírica en darrera instància. Ara bé, es pot fer recerca relativa a un tipus d'element de la SC ja conegut, com a conseqüència d'observacions anteriors a la mateixa recerca, com ara les línies de producció, o bé fer observacions com a part de la mateixa recerca. En aquest darrer cas direm que es tracta de recerca empírica. Altrament, de recerca abstractiva.

Al efectes d'exposar què pot ser tema de recerca em basaré en aquesta tercera dimensió abstractiva-empírica.

Però, sigui quina sigui la modalitat de recerca que es practiqui o es pretengui practicar, s'ha de tenir ben present que la paraula "tema" pot referir-se a assumptes d'amplitud molt diversa. Algú pot dir, per exemple, sense faltar a la veritat que el tema de la seva tesi és el disseny de sistemes productius o el disseny de línies de producció o el disseny de línies de producció amb finestres d'accessibilitat o la resolució del problema AWALBP-L3 (que és un dels tipus de problemes que apareixen en el disseny de línies de producció amb finestres d'accessibilitat). Si el tema de tesi (o d'un treball de recerca) és l'AWALBP-L3, segurament dirà una cosa o una altra segons l'audiència a la qual s'adreci. Si només sap que vol fer un treball sobre el disseny de sistemes productius, encara està molt lluny de poder començar a fer recerca en aquell àmbit[28].

Definir d'una manera precisa l'objecte de la recerca (cosa que sovint es fa mitjançant la definició d'una "pregunta de recerca") és fonamental. Si l'àmbit temàtic és inabastable, per excessivament ampli, difícilment s'hi podrà fer cap aportació

[28] Sobre com definir el tema de recerca perquè tingui una extensió apropiada: Eco (1977), tot i que l'àmbit a què es refereix és el de les humanitats.

significativa. Si és massa restringit, segurament els resultats només seran rellevants per a col·lectius molt reduïts. Excepte si es tracta de problemes molt nous, la relativa abundància de literatura sobre el problema sol ser un bon indicador de si la definició del problema es desvia massa, per excés o per defecte, de l'amplitud desitjable.

4.1. Recerca abstractiva

Es caracteritza per l'ús de models matemàtics i d'algorismes per a resoldre'ls, amb la finalitat d'identificar, i quantificar si ho requereixen, les decisions més apropiades. Per tant, té moltes connexions amb la investigació operativa. La recerca pot estar centrada en la descripció i la comprensió dels problemes per formalitzar-los com a pas previ a modelitzar-los, en llur modelització o en els algorismes per trobar-hi solucions factibles, satisfactòries o òptimes (en aquest darrer cas, l'àmbit enllaça amb els de la intel·ligència artificial i les ciències de la computació).

Dins d'aquest tipus de recerca, hom pot distingir, si més no, les modalitats següents:

- ***Review* (denominació que actualment és més utilitzada que la més o menys equivalent *state of the art*)**

  Aquesta modalitat és pertinent per a qualsevol tipus de recerca, en l'àmbit de l'enginyeria d'organització o en qualsevol altre.

  Consisteix en un estudi complet (cosa que s'ha de justificar a l'article mateix amb una descripció de les consultes dutes a terme –bases de dades i combinacions de paraules clau–) i sistemàtic de totes les aportacions publicades sobre un tema determinat, de l'anàlisi del qual es desprenen orientacions sobre les línies d'investigació futures. Aquest tipus de recerca és molt laboriós, perquè pot arribar a implicar la consulta de centenars de publicacions, i requereix un bon coneixement del tema i una bona capacitat d'anàlisi per esbrinar les línies principals amb què s'ha abordat i preveure i suggerir les línies futures. Però és molt útil per a la comunitat científica en l'àmbit corresponent i molt apreciat per les revistes, perquè una bona *review* genera moltes cites i, per tant, repercuteix favorablement en el factor d'impacte de la revista.

- **Identificació i descripció formal, orientada a la modelització, d'un problema inèdit**

En el grup de recerca de què formo part[29] hem practicat sovint aquesta modalitat en problemes com ara la planificació i programació d'horaris amb jornada anualitzada o amb bosses d'hores, el RTVP (*Response Time Variation Problem*, un problema de seqüències regulars), el GRCALBP (*General Resource Constrained Assembly Line Balancing Problem,* disseny i assignació de tasques en una línia de producció, amb processos alternatius i amb disponibilitat limitada de recursos diversos), la programació d'activitats tenint en compte l'aprenentatge i l'oblit i l'AWALBP (*Accessibility Windows Assembly Line Balancing Problem,* disseny de i assignació de tasques a una línia de muntatge en què l'accessibilitat de les tasques està limitada a una "finestra"), entre altres.

Nielsen (2004) planteja la distinció entre dos estils de fer recerca: resolució de problemes i creació de problemes (*problem-solver* i *problem-creator*). Les persones que fan recerca probablement combinen tots dos estils en proporcions variables. Nielsen opina, i és clar que té raó, que l'estil *problem-solver* és el que es practica més sovint, potser perquè els resultats són més fàcils de reconèixer. Dit en altres termes: és més fàcil publicar un treball en què es resol d'una manera més o menys nova un problema conegut que no pas un que descriu un problema inèdit. Tanmateix, a la llarga, si el problema és rellevant, plantejar-lo és més útil que no pas millorar, potser marginalment, els instruments per resoldre un problema conegut (que no per ser-ho és necessàriament rellevant). A Silver (2009) es diu: "La recerca incremental té moltes més possibilitats de donar lloc a una o més publicacions en relativament poc temps. Tanmateix, el valor afegit de cada publicació d'aquestes serà eclipsat gairebé amb tota certesa pel d'una publicació inicial en una nova àrea". Booth *et al.* (1995) també coincideixen que és més rellevant trobar un problema nou que resoldre'n un que ja s'hagi formulat.

- **Modelització del problema i resolució del model**

És a dir, la formulació matemàtica de la funció o de les funcions objectius i de les restriccions. Una vegada feta la descripció formal del problema,

---

[29] Enginyeria d'Organització i Logística Industrial (EOLI), de la UPC (http://eoli.upc.edu/, https://www.ioc.upc.edu/investigacion/grupos/eoli, http://eoli.upc.edu/?set_language=en).

modelitzar-lo sol resultar immediat per a una persona especialitzada competent. Però la mera modelització té molt poc o cap interès si no serveix per resoldre el problema. Per tant, no es tracta només de modelitzar, sinó de formular models que es puguin resoldre, en un temps que sigui raonable per al problema en qüestió, amb les eines disponibles o les que es puguin crear. I això ja pot presentar més dificultats, quant a la formulació mateixa. En tot cas, no podrem donar per bo el model sense dur a terme experiments computacionals per comprovar que es pot resoldre, per a dimensions que a la pràctica siguin suficients, en tots els tipus versemblants de combinacions dels valors de les dades. El disseny dels jocs de dades per provar la parella model-procediment de resolució és també, doncs, un component de la tasca de recerca, així com també ho és l'anàlisi dels resultats, que normalment s'ha de fer des del punt de vista computacional (temps de resolució; fites de la discrepància entre el valor òptim i el valor obtingut, quan no s'arriba a trobar la solució òptima, etc.) i també pel que fa a les característiques de les solucions obtingudes, amb l'objectiu de detectar regles o propietats generals o generar *managerial insights,* és a dir, una millor comprensió del problema estudiat de la qual es derivin orientacions per a la millora de la gestió.

Pel que fa a aquest tipus de recerca, convé distingir entre dos tipus de models, que podem denominar operatius i conceptuals, respectivament.

La finalitat dels primers és donar indicacions quantificades de quines decisions s'han de prendre en un context determinat. Per tant, s'han de basar en supòsits prou realistes i requereixen dades prou precises.

En canvi, la finalitat dels models conceptuals és posar de manifest les variables més rellevants per al comportament d'un sistema i com hi influeixen. Per aconseguir-ho sovint cal assumir supòsits poc realistes, però que simplifiquen el problema i en conseqüència permeten arribar a conclusions generals. La fórmula de l'EOQ n'és un exemple: el supòsit de demanda uniforme féu possible, ja fa més de cent anys, arribar a unes fórmules senzilles que reflecteixen la influència dels costos de llançament i de possessió i de la magnitud de la demanda sobre la dimensió òptima dels lots i el cost de gestió dels estocs.

- **Identificació i classificació de les variants d'un problema**

Hi ha problemes (cues, programació d'activitats, disseny i assignació de tasques a línies de muntatge o organització flexible del temps de treball, per exemple) que presenten variants molt nombroses. En aquests casos és molt improbable que totes elles es puguin tractar amb els mateixos instruments. Aleshores, identificar-les i classificar-les n'afavoreix la resolució i facilita la comunicació entre els grups de recerca i l'organització de la recerca. En alguns problemes (si més no, en els tres primers dels quatre esmentats a l'inici d'aquest paràgraf) hom ha proposat sistemes de codificació que fan més compacta i precisa la identificació de les variants (amb la conseqüència afegida que, una vegada establert el sistema de codificació, resulta fàcil, amb un senzill exercici de combinatòria, generar fins i tot milers de variants, les quals no necessàriament existeixen en les SCs reals).

- **Identificació i demostració d'una propietat**

Per exemple, per a un tipus de problema donat establir que totes les solucions òptimes tenen una propietat P o que sempre hi ha una solució òptima que té la propietat P. En el primer supòsit sabrem que si una solució no té la propietat no és òptima i, per tant, només cal explorar les solucions que gaudeixen de la propietat P. En el segon, una solució que no gaudeixi de la propietat P pot ser òptima, però es pot trobar una solució òptima encara que es busqui només entre les solucions que tenen la propietat.

- **Nou mètode de disseny**

En aquest tipus de recerca es tracta d'establir els passos que s'han de donar per dissenyar un sistema, l'ordre en què s'han d'executar, les entrades i sortides de cada pas i d'identificar o definir instruments per passar de les entrades a les sortides amb eficiència. L'exemple més conegut és, sens dubte, l'SLP (*Systematic Layout Planning*, de Muther); més recent, el mètode SCOP, per al disseny de la SC (Corominas *et al.*, 2015).

- **Nou procediment[30] de resolució**

Aquesta modalitat inclou moltes variants.

[30] Em refereixo a procediments i no a algorismes, perquè el terme procediment és més ampli i permet designar una combinació d'algorismes o també un meta-algorisme, com ara les metaheurístiques, que no són algorismes sinó esquemes dels quals es pot derivar una infinitat d'algorismes mitjançant la concreció de procediments parcials o la fixació de valors de paràmetres.

Una d'elles és dissenyar un procediment que inclogui com a casos particulars, mitjançant la variació en una de les rutines o en el valor d'un o més paràmetres, diversos procediments preexistents. Això és útil per a la docència, perquè permet que l'estudiant aprengui més coses en menys temps i d'una manera més estructurada. Quant a la recerca, pot obrir noves possibilitats, perquè el procediment que resulta en integrar els ja coneguts pot donar lloc a procediments inèdits. Exemple: *branch-and-win* (Pastor i Corominas, 2004), que engloba les variants del *branch-and-bound* i altres procediments afins.

Una altra consisteix a dissenyar un procediment inèdit, tant si és aplicable a un conjunt molt ampli de problemes (com en el cas de les metaheurístiques recuita simulada –SA: *simulated annealing*– o cerca tabú –TS: *tabu search*– útils per a molts problemes d'optimització combinatòria) com si tenen per objecte un problema específic (aquí els exemples són nombrosíssims ja que hi ha diversos procediments o algorismes per a cada un dels molts problemes que s'han estudiat i formalitzat). És clar que dissenyar un procediment general que representi un progrés significatiu és difícil i, per tant, és poc freqüent. No obstant, l'anàlisi de la literatura sobre algorismes d'optimització combinatòria o d'optimització de funcions multimodals de variables reals pot donar la sensació que de procediments generals rellevants se'n troben cada dos per tres; en efecte, d'un temps ençà es publiquen constantment propostes de procediments nous basats en analogies, de vegades merament presumptes, amb fenòmens naturals relacionats amb éssers vius o inanimats, però sovint el procediment pretesament nou no té un esquema racional que el sustenti o no és altra cosa que un procediment ja conegut descrit amb una nova terminologia vinculada al fenomen natural en què suposadament s'inspira. Aquest tipus d'activitat pot arribar i arriba a caure en el ridícul (hi ha un algorisme imperialista, un d'eixams de paneroles, un d'elefants voladors, etc.), entre altres coses, més enllà de la terminologia, perquè l'analogia és insostenible o no té cap relació aparent amb l'optimització. Per això i perquè pot implicar el desprestigi de recerques realment serioses, ha començat a ser criticada molt severament, la qual cosa no impedeix, de moment, que segueixi tenint força èxit, si aquest el mesurem en nombre i difusió de les publicacions generades, però es pot esperar que finalment s'acabin imposant la seriositat i el rigor. Aquí no és possible estendre's més en aquest debat, però qui vulgui fer recerca en aquesta modalitat l'ha de tenir molt present[31].

---

[31] Al respecte, la referència bàsica és Sörensen (2015).

També es pot incloure en aquest apartat la resolució d'un problema amb un procediment que fins aleshores no se li havia aplicat mai. Això també té sortida, però de vegades l'aportació és minsa i poc meritòria. Segurament es publicarà si hi ha una aportació suficient de proves o indicis que els resultats obtinguts són millors que els publicats anteriorment (és extremadament inhabitual, si és que mai s'arriba a donar aquest cas, la publicació d'un treball que conclogui que l'algorisme que es proposa no va millor que els ja coneguts[32], tot i que seria útil, perquè podria estalviar que molts equips de recerca repetissin experiments que ja ha fet un altre).

- **Aprofundir coneixements sobre el comportament dels procediments, per si mateixos o per comparació amb altres (inclou identificar el procediment més adequat, entre els coneguts, per resoldre un problema)**

L'avaluació i la comparació d'algorismes, així com també la identificació de quin és l'algorisme més apropiat per resoldre un exemplar donat d'un problema[33] són activitats per a les quals no es disposa pràcticament d'elements teòrics i que, per tant, es basen quasi exclusivament en l'experimentació i en l'anàlisi estadística dels resultats. En conseqüència, presenten dificultats teòriques i pràctiques que no estan resoltes de manera general i que generen dubtes sobre el caràcter pròpiament científic d'aquestes activitats (Hooker, 1994, 1996), tot i que es publiquen nombrosos articles que les tenen com a contingut essencial.

El que ve a dir Hooker és que aplicar *m* algorismes a *n* exemplars diferents i elaborar unes taules de temps de càlcul i de valors de la funció objectiu per a

---

[32] En general, no es publiquen articles que descriuen fracassos o males pràctiques, tot i que, com diu Pfeffer (2007), citat a Singhal i Singhal (2012b) "saber què no funciona sovint és tan important com saber què funciona". L'any 2015, un intent de *crowfunding* per llançar una revista que publiqués resultats negatius va quedar molt lluny d'aconseguir l'objectiu que es proposava.

[33] Un problema es una qüestió general com ara trobar un circuit hamiltonià de cost mínim en un graf (TSP: *Traveling Salesperson* Problem). Un exemplar d'un problema és un cas particular definit per unes dades.

La relació entre problema i exemplar és anàloga a la que hi ha entre una espècie animal o vegetal i un individu d'aquesta espècie.

cada parella algorisme-exemplar no es pot considerar una activitat científica; que, al contrari, es tractaria d'explicar per què un algorisme és millor que els altres o que uns algorismes són millors per a uns exemplars i uns altres per a uns altres.

És clar que per decidir quin és el millor algorisme cal definir uns criteris. I fer-ho, en general, no és trivial i depèn del tipus d'aplicació. Això és evident quant al temps de càlcul necessari per a l'execució de l'algorisme, que no es pot valorar de la mateixa manera si es tracta de controlar un procés en temps real o d'una planificació estratègica de capacitat; d'una altra banda, de cara a aplicacions reals és important (de fet, en la immensa majoria de casos, extremadament necessari) tenir la garantia que l'algorisme proporcionarà una solució factible de qualitat raonable en un temps determinat i prefixat. La qualitat mitjana de les solucions, mesurada amb el valor de la funció objectiu, és un criteri obvi i molt general, però moltes vegades no es considerarà acceptable un algorisme que proporcioni solucions d'una qualitat mitjana alta però amb una certa probabilitat de donar-ne de molt dolentes. En general desitgem que un algorisme doni solucions d'una qualitat mitjana bona i que sigui robust, tant pel que fa als temps de càlcul com a la qualitat.

Les dificultats comencen ja en la generació de jocs de dades o conjunts d'exemplars per a les proves. Són representatius? Contenen exemplars de tots els tipus que poden ser rellevants des del punt de vista del comportament dels algorismes? Si no es pot elaborar una teoria i només es compta amb els resultats de l'experiment computacional, les conclusions no es poden extrapolar a exemplars diferents dels inclosos en el joc de dades. A més, com que per als problemes que són objecte de més recerca hi sol haver jocs de dades de referència, accessibles via Internet, resulta que els algorismes que successivament van superant els seus predecessors són els algorismes que millor resolen, justament, els exemplars del joc de dades de referència.

A més, en una experiència computacional no es comparen pròpiament algorismes, sinó, finalment, codis, programes d'ordinador, cada un dels quals és una de les moltes maneres possibles d'implantar operativament l'algorisme, executats en un ordinador específic. El fet que el codi només sigui accessible per al grup que l'ha creat, com passa sovint, té algunes conseqüències importants:

– L'experiment no és reproduïble. Si en una proposta d'article es presenta un algorisme nou i s'hi diu que aquest ha proporcionat, amb un temps de càlcul menor, solucions que milloren en un 20% la qualitat de les obtingudes amb el millor algorisme conegut fins aleshores, en avaluar l'article no hi ha cap possibilitat de comprovar-ho.

– El resultat de la recerca no és directament transmissible. Si algú creu que l'algorisme li pot ser útil, l'ha de programar i pot ser que el seu programa no sigui tan eficient com l'original i, per tant, no n'obtingui allò que esperava.

– Fer bé un experiment computacional per comparar algorismes dóna molta feina. Una mateixa persona (o un equip de persones que treballin amb un mètode molt ben establert i sota controls molt estrictes) ha de programar tots els algorismes que es tracta de comparar i ho ha de fer, naturalment, d'una forma que podríem qualificar de neutral, és a dir, que no afavoreixi ni perjudiqui uns o altres algorismes (i com es pot assegurar això?). Un experiment d'aquest tipus pot donar indicis de frau si un dels algorismes comparats té un comportament molt diferent del que es descrigué en fer-lo públic[34].

Per tant, aquest tipus d'activitat de recerca, molt freqüent, recolza sobre unes bases molt febles. Des de l'article de Hooker, poc s'ha progressat en la resolució de les dificultats que s'hi apuntaven. Tanmateix, d'uns anys ençà, la professora Smith-Miles (Smith-Miles *et al.*, 2014; Smith-Miles i Bowly, 2015) està desenvolupant mètodes i tècniques molt prometedores de cara a la generació de jocs de dades i a l'anàlisi de resultats dels experiments computacionals.

4.2. Recerca empírica

La recerca empírica es basa en les dades obtingudes mitjançant l'observació de la realitat d'una organització o conjunt d'organitzacions per tal de:

---

[34] La preocupació pel rigor i la reproductibilitat dels experiments computacionals s'ha intensificat darrerament i ha donat lloc a una proposta de protocols *(Good Laboratory Practice)* molt detallada i exigent (Kendall *et al.*, 2016).

- Aportar elements per iniciar o aprofundir l'elaboració d'una teoria.
- Verificar o falsar[35] una teoria.

Pel que fa a la recollida de dades hi ha diverses modalitats que, per a un estudi concret, es poden utilitzar soles o combinades[36]:

- **Qualitativa**

  La informació procedeix d'entrevistes i grups focals o tècniques similars.

- **Estudi de casos**[37]

  Un estudi de cas es refereix a una organització específica o a una part d'aquesta organització, el funcionament de la qual s'estudia i analitza en profunditat, cosa que requereix un temps considerable. També es fan estudis multicas, és a dir, estudis d'un nombre reduït de casos que tenen algun aspecte en comú (per exemple, empreses d'un mateix sector o que tenen sistemes de distribució similars).

  És obvi que d'un estudi de cas no se'n pot derivar una teoria, però sí conjectures orientades a construir-la. Al contrari, d'un sol estudi de cas pot resultar que una teoria sigui falsada.

---

[35] Karl Popper considerava que perquè una teoria o proposició pogués ser considerada com a científica havia de ser falsable, és a dir, susceptible de ser refutada mitjançant una observació. Per exemple, la proposició "tots els escarabats són negres" resultaria refutada si s'observés un escarabat de color fúcsia, per exemple; en canvi, no és verificable: l'observació de milions d'escarabats exclusivament negres no descarta que n'hi pugui haver d'altres colors. Cal dir, però, que les proposicions "hi ha escarabats de color fúcsia" o "no tots els escarabats són negres" són verificables, però no són falsables. "Totes les persones són mortals" no és verificable ni falsable. En aquest text no es pretén entrar en l'anàlisi de l'epistemologia popperiana (al respecte, cfr. Mosterín, 2013).

Aquesta breu discussió fa ressaltar la importància de les definicions. Hi ha proposicions que no són verificables ni falsables perquè són tautològiques: "tots els corbs són negres" és una proposició d'una naturalesa diferent de "tots els escarabats són negres", perquè tant el diccionari de l'Institut d'Estudis Catalans com el de la Real Academia Española, defineixen els corbs com a ocells de plomatge negre (la qual cosa exclou d'entrada que un ocell amb plomes de color fúcsia pugui ser un corb), mentre que no es refereixen al color dels escarabats.

[36] En aquest punt bàsicament sintetitzo Gupta *et al.* (2006). Cfr. també Tharenou *et al.* (2007).

[37] Al respecte, Voss *et al.* (2002), Barratt *et al.* (2011), Childe (2011) i Ketokivi i Choi (2014).

- **Estudi de camp**

Les dades procedeixen de visites a un cert nombre d'organitzacions, però amb períodes d'interacció menors que en l'estudi de cas.

- **Enquestes (telèfon, correu, internet)**

Aquesta és una modalitat molt emprada, perquè té un cost baix, en comparació amb els de les anteriors. El correu ordinari, que era el canal majoritari fa uns anys per a alguns tipus d'estudis, s'ha abandonat pràcticament a favor de la Internet, pels grans avantatges quant a comoditat per complimentar el qüestionari i a costos d'enviament i de processament.

Ara bé, les dificultats que presenta la recollida de dades mitjançant aquesta modalitat són considerables i sovint insuperables. D'entrada, si la proporció de respostes no és molt alta (cosa que no sol succeir), el resultat correspon a una mostra que sembla inevitable considerar com a esbiaixada, ja que és raonable pensar que les organitzacions que han respost tenen alguna cosa que les diferencia de les que no. A més, en molts casos no es pot controlar qui és la persona que ha respost, per la qual cosa la fiabilitat de la informació obtinguda resulta dubtosa.

Tot això no exclou, naturalment, que amb aquesta modalitat es puguin obtenir conclusions vàlides, a condició que es prenguin les precaucions metodològiques necessàries.

- **Dades d'arxius**

Des de fa molts anys es disposa de bases de dades molt rellevants per a la recerca en l'àmbit de la gestió. Per exemple, les bases de dades de balanços d'empreses permeten estudiar llurs estructures de finançament i altres aspectes de llur gestió.

Ara bé, actualment hi ha una plètora de dades disponibles o potencialment disponibles, especialment sobre el comportament de les persones, gràcies a l'existència i ús massiu de la Internet i també perquè les empreses, amb un cost molt baix, poden captar, emmagatzemar i analitzar dades de vendes, estocs, avaries, etc. Aquesta gran disponibilitat de dades ofereix noves possibilitats per a l'ús de models quantitatius i ha donat lloc a l'auge de l'analítica i de *big data.*

- **Experiments en laboratori**

  Algunes recerques sobre les decisions de persones en relació amb el consum, el risc o d'altres es basen en dades recollides en experiments dits de laboratori, en els quals hi ha persones (sovint, estudiants) que assumeixen el rol corresponent en condicions que intenten reproduir les reals. Atès que ni les condicions en el laboratori són les reals ni les persones que hi prenen les decisions són sempre les que les prenen en la realitat, la rellevància dels resultats obtinguts és, generalment, qüestionable.

Per a l'anàlisi de les dades es disposa d'una varietat de tècniques (estadística descriptiva, anàlisi multivariant, equacions estructurals i d'altres), a les quals incessantment se n'hi afegeixen de noves. Algunes d'aquestes tècniques són molt sofisticades i, com es diu a Guide i Ketokivi (2015), si no es dominen perfectament es corre el risc de fer-ne un mal ús, per la qual cosa cal extremar el rigor o incorporar a l'equip de recerca un membre que hi estigui especialitzat, perquè com assenyalen Guide i Ketokivi, les persones que fan recerca en l'àmbit d'OM *(Operations Management)*, que és el de la revista de la qual són editors, no són (en general, és clar) especialistes en estadística[38].

---

[38] Guide i Ketokivi (2015) s'ha de considerar lectura obligada per a qui vulgui fer aquest tipus de recerca.

CAPÍTOL 5

LA PUBLICACIÓ DELS RESULTATS DE LA RECERCA: ESTRUCTURA I PROCESSAMENT D'UN ARTICLE

5.1. L'estructura

L'estructura d'un article (o d'un capítol de llibre de recerca, molt similar a un article, o d'un document de treball[39]) o d'una tesi[40,41] són similars per a una recerca del mateix tipus, però una i altra depenen, si més no en els detalls, del

[39] Un document de treball *(working paper)* és un text amb característiques similars o idèntiques a les d'un article, però que no es publica en una revista o com a capítol d'un llibre, sinó en una sèrie de documents d'un departament o un institut universitari o un centre de recerca o en un *repositori* d'una universitat o una institució de recerca. Això pot ser degut a causes diverses: (i) accelerar la publicació de resultats de la recerca; (ii) publicar una versió més extensa (per exemple, amb més detalls sobre les dades i els resultats o les demostracions) de la que pot tenir cabuda en una revista; (iii) publicar uns resultats que poden tenir interès però sense el nivell suficient per ser acceptats en una revista.

[40] L'extensió d'un article i la d'una tesi són molt diferents. Un article llarg pot ocupar unes quinze pàgines d'una revista, mentre que una tesi consta normalment d'un o diversos centenars de pàgines. Una bona tesi sol generar uns quants articles i, d'una altra banda, en una tesi tot el que s'hi diu es justifica molt més detalladament del que es fa en un article.

[41] Les consideracions que segueixen són aplicables també a les presentacions orals, com les que es fan en els congressos, per exemple, amb les simplificacions a què obligui la limitació de temps.

tipus de recerca de què es tracti (l'estructura d'una *review* és, per descomptat, diferent de la d'un article en què, posem per cas, es descriu un nou algorisme per resoldre un problema determinat i el seu comportament en relació amb un conjunt d'exemplars).

L'esquema d'un article pot ser com el següent:

- Encapçalament.
- Resum.
- Paraules clau *(keywords)*.
- Introducció.
- Estat de l'art.
- Nucli.
- Discussió, conclusions i perspectives.
- Referències.

L'encapçalament inclou el títol de l'article (és molt important que doni una idea precisa del seu contingut, perquè la lectura dels títols dels articles és el primer filtre per descartar-los o retenir-los per a consideració posterior), els noms, la institució o institucions a què pertanyen i les adreces d'autores i d'autors, entre les quals s'identifica l'autor o autora corresponsal, és a dir, la persona que s'ha encarregat del contacte amb la revista, des de la tramesa de l'original de l'article a la correcció de galerades, que és la mateixa persona a què s'han d'adreçar consultes sobre l'article, si es considera oportú.

L'ordre en què consten autores i autors és lluny de ser una qüestió trivial. Són escassos, en l'àmbit de la SC com en molts d'altres, els articles signats per una sola persona. Quan n'hi ha més[42], en els processos d'avaluació de l'activitat de recerca es planteja la qüestió de quina contribució ha fet cadascuna, cosa que, en general, resulta molt difícil d'aclarir (encara que només sigui perquè, si es tracta d'un treball de recerca en equip, als seus mateixos membres els és difícil traçar

[42] En el rànquing d'universitats del *Times Higher Education* no es tenen en compte els articles signats per més de 1.000 persones, que són qualificats com a "freak research papers" (https://www.timeshighereducation.com/blog/world-university-rankings-blog-dealing-freak-research-papers#survey-answer). L'any 2015 es va publicar un article signat per 5.154 persones, en el qual el contingut de l'article ocupa només 9 de les 33 pàgines, ja que la resta es dedica a la llista de signants.

línies divisòries)[43]. Hi ha equips que signen sistemàticament en ordre alfabètic, però això té l'inconvenient que sovint es considera que la persona que figura com a primera signant és la que ha fet la contribució més important (també hi ha qui té el criteri que la contribució més important correspon a la persona que signa en l'últim lloc) i, per tant, pot ser que se sobrevalori o infravalori una persona, com a recercadora, perquè el seu cognom comença amb una de les primeres o de les darreres lletres de l'alfabet. El fet de signar sempre amb les mateixes persones se sol valorar negativament, perquè és compatible amb assumir sistemàticament tasques auxiliars en l'equip de recerca; per tant, compartir l'autoria amb conjunts de persones diferents en uns i altres articles es considera favorablement, perquè, a més, reflecteix la capacitat de la persona per col·laborar en entorns diversos.

El resum *(abstract)* sintetitza el contingut de l'article en poques paraules (no gaire més de dues-centes en cap cas) i és el segon filtre per a l'accés a la lectura del contingut, per la qual cosa s'ha de redactar amb una cura especial.

Les paraules clau són mots o conjunts de pocs mots que identifiquen l'àmbit temàtic en què se situa l'article (per exemple: *supply chain design, stochastic programming, matheuristics, manufacturing*). El nombre de paraules clau és variable; rarament n'hi ha menys de tres i normalment no passen de la mitja dotzena, però en alguns casos n'hi arriba a haver més de deu. Algunes revistes tenen una llista de paraules clau i especifiquen que una o més de les que figurin a l'article han de pertànyer a la llista. L'elecció de les paraules clau és molt important, perquè condiciona la selecció de les persones que avaluaran l'article i és decisiva pel que fa a localitzar-lo mitjançant eines de cerca.

A la introducció s'exposa amb brevetat (potser una o dues pàgines) de què tracta l'article i què aporta. La introducció és el tercer filtre o, si es vol, la tercera barrera prèvia a la lectura de l'article complet. Actualment, en el nostre àmbit temàtic, no és rar que una introducció comenci amb un paràgraf retòric sobre la globalització[44], les exigències creixents dels mercats pel que fa a la qualitat i els terminis

---

[43] Sobre com tenir en compte la contribució de cada persona a un article i les dificultats per fer-ho adequadament, de Mesnard (2017).

[44] Per descomptat, en un article científic cal evitar els judicis de valor explícits o implícits (per exemple, en fer servir l'expressió "països en vies de desenvolupament") i mantenir l'autoexigència de rigor en tot el text. Ara mateix (en el moment de tancar aquest text, en el primer trimestre de 2017) no es pot donar per fet que la globalització és un procés imparable i cada vegada més intens.

de lliurament, etc.; aquesta mena de discurs no aporta informació a cap lector o lectora potencial de l'article i consumeix un recurs escàs, que és l'espai disponible. S'ha de procurar, ja en el primer paràgraf, donar una informació clara sobre de què tracta l'article i dir, com més aviat millor, quina aportació fa l'article i per què es considera rellevant[45].

L'estat de l'art o revisió de la literatura és un repàs, més o menys extens, segons el tema i el tipus d'article, dels antecedents publicats. L'objectiu és descriure què s'ha fet en el món en relació amb el tema de l'article i mostrar que la contribució de l'article, que es descriurà a continuació, és original.

En el que aquí he denominat nucli (però que mai no és el títol d'un apartat d'un article) s'exposa el que s'ha fet i els resultats obtinguts. L'estructura d'aquesta part de l'article és força variada, perquè depèn molt del tema i de com s'ha tractat. Per exemple, si es refereix a un nou model per a un problema d'optimització, primer s'exposarà el model (supòsits que defineixen el problema, notació –dades, paràmetres i variables–, formulació i explicació de la formulació) i a continuació l'experiment computacional (jocs de dades emprats –poden ser preexistents o generats com a part del mateix treball de recerca: en aquest darrer cas s'ha de descriure com s'han generat i incloure un enllaç perquè siguin accessibles a altres equips de recerca–, resultats obtinguts i anàlisi dels resultats).

La discussió pot ser més o menys extensa (o fins i tot inexistent) en funció de la naturalesa de l'article (per exemple: un article de *review* requereix una discussió extensa per extraure les idees generals de la informació analitzada; en un article que posi en qüestió proposicions comunament acceptades cal una discussió detallada perquè sigui convincent). Les conclusions contenen una síntesi, sovint molt breu, de les aportacions de l'article i, si és el cas, els corresponents *managerial insights*, és a dir, les idees que se'n desprenen per a la gestió. S'acaba amb les indicacions sobre futures línies de recerca relacionades amb el treball que s'ha exposat. En un article de *review* aquestes indicacions són especialment importants; de fet són la principal aportació que se n'espera, ja que haurien d'orientar la tasca de recerca del col·lectiu que treballa en un àmbit específic.

---

[45] Gerard P. Hodgkinson, en el capítol 32 ("Publishing the interfaces of psycology and strategic management") de Clark *et al.* (2016) diu (p. 283) que els autors d'articles reeixits quasi invariablement deixen clara en els tres o quatre primers paràgrafs (coneguts, diu, com "el ganxo" o "l'ham": *the hook*) la contribució que han pretès.

La secció de referències conté la identificació completa de totes les publicacions (articles, llibres, capítols de llibres, pàgines web) esmentades en el text. El format és específic de cada revista. L'ordre acostuma a ser l'alfabètic dels cognoms dels primers signants, però en algunes revistes és l'ordre en què les publicacions s'han esmentat en el cos de l'article.

L'article pot incloure també, però no sempre està present, un breu apartat de reconeixements i agraïments. Sens dubte, als projectes de recerca amb què s'ha finançat total o parcialment (aquesta és una exigència associada a l'atorgament de les subvencions). Potser també a persones que hagin col·laborat significativament, sense arribar a poder-se'n considerar autores. També és freqüent fer constar l'agraïment a l'editor i als revisors (tot i que aquests resten sempre a l'anonimat) quan llurs observacions i consells han contribuït de manera significativa a millorar la qualitat de l'article.

Sun i Linton (2014) exposa els resultats d'una anàlisi comparativa entre articles d'alt impacte i articles rebutjats a volta de correu i conclou que en els primers es dedica més espai que en els segons a la introducció i a les conclusions, mentre que en els rebutjats la proporció del text que correspon a explicar què s'ha fet i com s'ha fet és més alta que en els articles d'impacte alt.

Certament, un defecte freqüent fins i tot en articles publicats i més encara en presentacions a congressos és explicar molt ràpidament el problema de què es tracta i dedicar la major part de l'espai o del temps a detalls tècnics de la resolució. Però l'especificació precisa completa[46] del problema considerat i la justificació de per què interessa resoldre'l són fonamentals. I una cosa i l'altra s'han de dir com més aviat millor, tant si és en un article com en una presentació. Fins i tot quan es tracta d'un problema molt conegut, els bons articles n'inclouen la descripció.

Finalment, cal dir, després de tots aquests comentaris, que la millor manera de saber com és un bon article de recerca és llegir articles de recerca de qualitat.

---

[46] Abans de començar l'explicació de com s'ha resolt un problema cal que aquest estigui completament definit, amb tots els supòsits que el caracteritzen enunciats d'una forma precisa. Introduir els supòsits en el curs de l'explicació del procés de resolució fa la impressió que els supòsits es van afegint per evitar les dificultats a mesura que es van trobant.

5.2. El procés de publicació

Una vegada hem escrit un article (o, millor, abans de començar-lo a escriure[47]) s'ha de decidir a quina revista s'envia. Al respecte, cal tenir en compte:

- L'orientació de la revista (qualitativa, quantitativa, empírica, enfocada a producció, o a màrqueting, o a finances, etc.).
- El seu nivell de qualitat, que té una forta correlació amb el nivell d'exigència i la taxa de rebuig. S'ha de fer una autoavaluació de la qualitat del treball per tal d'estimar el nivell de les revistes en què es pot aspirar a publicar-lo.
- La informació disponible sobre els terminis del procés de revisió i publicació. En algunes revistes aquests terminis són breus i previsibles i en d'altres, llargs i irregulars. La brevetat dels terminis sempre és important, però especialment quan es necessita que l'article es publiqui o que, si més no, s'accepti, com a aval de la qualitat d'una tesi o com a mèrit per a un procés d'acreditació.

L'article s'envia normalment via Internet mitjançant aplicacions específiques de cada editorial però, lògicament, molt similars. Algunes d'aquestes aplicacions limiten la mida de l'article, en nombre de paraules o de caràcters i, en cas que el text excedeixi el límit permès, no l'accepten.

Una vegada rebut per l'editora de la revista[48], pot ser rebutjat d'entrada (*from the desk;* per dir-ho així, a volta de correu) per motius diversos:

- Nivell lingüístic insuficient (algunes revistes permeten tornar-lo a sotmetre a condició que es corregeixi aquesta deficiència).

---

[47] Ajuda a escriure'l bé haver-ne llegit molts. A Troutt (1998) es troben idees i consells sobre la millora de la qualitat de la recerca i del procés de publicació. També són útils llibres com ara Fontanet (2011) i Booth *et al.* (1995). És clar que escriure malament un article pot malmetre un bon treball de recerca, però si la recerca no és bona, un article ben escrit no la salvarà.

[48] Lovejoy *et al.* (2011) descriu breument però amb prou detall el procés de revisió i acceptació o rebuig d'un article i dóna indicacions útils sobre com fer una revisió quan una revista ens ho demana.

- Plagi o autoplagi. És a dir, fragments significatius del text coincideixen substancialment amb els d'articles prèviament publicats, fins i tot pel mateix equip o persones del mateix equip. Aquest és un fet greu i pot implicar la prohibició d'enviar articles a la revista per un període de temps llarg, com ara cinc anys. En tot cas, el plagi és, òbviament, una pràctica rebutjable i, si es detecta, una titlla molt considerable i difícil d'esborrar: costa molt assolir una bona reputació, però no tant com recuperar-la si s'ha perdut.

  Plagiar és considerat universalment com una de les violacions més greus de l'ètica de la recerca (que òbviament inclou també no inventar-se ni alterar dades ni fonts[49]), perquè és l'intent d'apropiar-se, i sense a penes cap esforç, d'uns resultats obtinguts per altres persones. Fins no fa gaires anys, els plagis podien passar inadvertits per molt temps o fins i tot per sempre. Ara, hi ha programari capaç de comparar l'article que es proposa amb milers de publicacions i detectar les coincidències, per la qual cosa cal tenir cura en la preparació el text perquè no es confongui una cita legítima o el resum necessari d'una publicació anterior amb un plagi.

- Inadequació, en opinió de l'editora[50], del contingut de l'article en relació amb l'orientació de la revista.

- Aportació insuficient o qualitat manifestament baixa, en opinió de l'editora, en relació amb les característiques de la revista.

---

[49] L'ètica a la recerca és un tema que està cada vegada més a l'ordre del dia. Malauradament, és perquè cada vegada són més nombrosos els casos en què se sap que no es respecta; a Giménez-Toledo (2016) es recull una cita del llibre *Fakes & Frauds* (Myers, R., Harris, M., 1989) que convé tenir present i que és aplicable a la recerca i a la majoria de les activitats humanes: "not all the individuals involved in the trade have been driven by the purest motives". Unes consideracions breus i interessants sobre la recerca i l'ètica a Booth *et al.* (1995).

[50] Em refereixo a l'editora, però també pot ser que aquestes decisions les prengui una editora associada, responsable d'una àrea temàtica. L'editora assigna a cada article una *action editor*, és a dir la persona responsable de prendre les decisions sobre l'article i comunicar-les a l'autora corresponsal. Aquesta persona pot ser la mateixa editora, una editora associada o, excepcionalment, un membre del consell editor.

Superats aquests filtres, s'inicia el procés d'avaluació que s'anomena avaluació per parells *(peer review*[51]*)*. L'editora proposa a persones de les quals disposa d'elements per creure que són expertes en el tema de l'article que actuïn com a avaluadores *(referees, reviewers)*, és a dir, que emetin un informe sobre l'article. La funció d'aquestes persones és, d'una banda, evitar que es publiquin articles erronis o de molt poca qualitat, quan considerin que no tenen remei. D'una altra, ajudar a millorar la qualitat dels articles que mereixen ser publicats o que poden arribar a merèixer-ho.

La invitació a avaluar un article, òbviament, pot ser acceptada o no. En alguns temes, el nombre de persones qualificades per avaluar correctament un article és molt limitat i es pot donar el cas que l'editor trigui fins i tot mesos a aconseguir la conformitat del nombre d'avaluadores desitjat (dos, en la major part de revistes; tres, en algunes altres, de vegades per augmentar la probabilitat d'aconseguir dos informes en un temps raonable; quatre, en alguns casos de revistes amb un nivell d'exigència molt alt). L'augment del nombre d'articles que són sotmesos a la consideració d'una revista, i tot i que ha augmentat també el nombre dels que són rebutjats a volta de correu, fa que l'escassetat relativa de persones capacitades i amb disposició per fer avaluacions sigui cada vegada més gran (i, segons els editors de Clark *et al.*, 2016, aquestes persones cada vegada són menys expertes i, per tant, la qualitat de llurs informes, cada vegada menor).

L'avaluació pot ser cega (*blind;* les avaluadores veuen qui són les autores, però les autores no saben qui són les avaluadores) o doblement cega (*double blind;* les

---

[51] El document *Peer review. The nuts and bolts. A guide for early career researchers* (http://www.senseaboutscience.org/data/files/resources/99/Peer-review_The-nuts-and-bolts.pdf) conté molts comentaris interessants sobre el sistema d'avaluació per parells i una discussió sobre les seves virtuts i el seus defectes (al respecte, també Giménez-Toledo, 2016) i sobre els avantatges i inconvenients de les modalitats *blind* i *double blind.*

"Parells" vol dir que les persones que avaluen són semblants, tenen un nivell similar a les que han escrit l'article. Tanmateix, a la pràctica, les que avaluen gaudeixen, quan fan aquesta funció, d'un poder molt gran, perquè és molt difícil que un article sigui acceptat si un avaluador s'hi mostra fermament contrari (de vegades, un editor assenyat pot adonar-se, especialment si també ha rebut un o més informes positius, que un informe negatiu és injust o desenfocat i acceptar l'article, o mantenir-lo en el procés de revisió, malgrat l'informe contrari; però això és difícil, particularment en revistes amb molt prestigi i que, per tant, reben molts articles, perquè l'editor, si vol donar l'abast, no té altre remei que refiar-se dels informes dels revisors).

autores no saben qui són les avaluadores i les avaluadores tampoc no veuen qui són les autores[52]).

La dificultat per trobar avaluadores no es deriva només del nombre escàs d'especialistes, sinó de les característiques de la feina d'avaluar, que és laboriosa (llegir a fons un article i redactar i enviar l'informe suposa moltes hores), compromesa (la qualitat d'una revista depèn decisivament de la qualitat dels informes d'avaluació: vegeu al respecte Söderlund i Bakker, 2014), anònima i no dóna lloc a cap retribució (per cert, l'autoria d'un article científic tampoc no merita cap retribució).

I perquè el sistema funcioni s'ha estimat que cada investigador ha d'avaluar uns tres articles per cada un dels que publica.

Vista la dificultat de trobar avaluadores solvents, les editorials han començat a implantar sistemes d'incentius, com ara llistes honorífiques, diplomes per a les millors avaluadores o descomptes en llibres de l'editorial.

De moment, aquests incentius són poc rellevants. Les persones que accepten actuar com avaluadores ho fan perquè és una forma d'estar al dia en la seva especialitat, ho veuen com una contribució necessària al sistema científic i perquè facilita una bona relació amb la revista.

Com que quan un article és sotmès a una revista i té prou indicis de qualitat ha de ser avaluat en un termini raonable, és habitual que l'editor demani a l'avaluadora que ha proposat que, si no accepta, suggereixi els noms d'altres avaluadores. És clar que això propicia que en alguns casos acabin avaluant un article persones que no tenen els coneixements ni l'experiència que caldria i que es pot donar el cas, com es diu a Söderlund i Bakker (2014), que sigui l'autora qui corregeixi l'avaluadora i no viceversa (recordem que el sistema d'avaluació vigent es diu *peer review*, avaluació per parells, en el sentit de persones de nivell semblant; si la que

---

[52] Que no ho vegin no vol dir que no ho sàpiguen. Quan es tracta d'un tema molt especialitzat, la comunitat científica que el tracta és poc nombrosa, tothom es coneix i no és difícil deduir l'autoria a partir del text i de les referències. Algunes revistes admeten que l'avaluadora s'identifiqui davant de les autores, però crec que això succeeix molt rarament; una altra cosa és que les autores dedueixin qui és un avaluador pel que diu en el seu informe o perquè (malauradament, perquè aquesta és una pràctica blasmable) suggereix o demana més o menys imperativament que les autores incloguin a les referències un nombre desmesurat de referències corresponents a una mateixa autora.

avalua no és, per defecte, *peer* de l'autora, la lògica del sistema queda trasbalsada i aquest no funciona).

Aquesta fase del procés n'és el coll d'ampolla i els resultats de vegades no són satisfactoris. Alguns informes mostren clarament que l'avaluadora no ha comprès del tot l'article o que no s'hi ha dedicat amb prou intensitat i són allò que en el món de la tauromàquia se'n diu o se'n deia *una faena de aliño*. Encara que no siguin molt nombrosos, es publiquen, fins i tot en revistes molt prestigioses, articles de poca qualitat, amb errors o que presenten com a novetat contribucions publicades dècades abans.

Cada avaluadora, en el seu informe indica els punts forts i, sobretot, els febles que troba en l'article, des de l'enfocament general fins a, potser, les errades tipogràfiques i fa una proposta o recomanació entre les d'una llista, la qual inclou sempre:

- Acceptar tal com està.
- Revisió menor.
- Revisió major.
- Rebutjar.

L'acceptació "tal com està" de la versió original de l'article és extraordinàriament infreqüent, fins i tot en casos d'articles de molta qualitat i d'autors reconeguts.

Els límits entre la revisió menor i la major no estan perfectament definits, però una revisió menor implica només canvis en alguns fragments del manuscrit i quan l'avaluadora fa aquesta recomanació normalment vol dir que proposarà l'acceptació una vegada fets els canvis que suggereix. La revisió major implica reestructurar i reescriure una part molt significativa o tot l'article; els canvis que s'hi ha d'introduir són tan importants i potser definits només de forma general que no es pot assegurar que, una vegada fets, l'article sigui acceptat (de fet, no és rar que un article sigui rebutjat després de fer-ne una revisió major).

Algunes revistes inclouen també l'opció de rebuig amb possibilitat de tornar a sotmetre (la diferència amb una revisió major és que, si l'article es torna a sotmetre, el procés començarà altra vegada des del principi).

L'editora, a la vista dels informes de les avaluadores (que de vegades són contradictoris) envia a l'autora corresponsal una carta de decisió *(decision letter)*, a la qual adjunta els informes, en què indica si accepta, rebutja, etc. l'article. Algunes editores inclouen comentaris propis sobre els informes de les avaluadores amb els quals indiquen la importància que les autores els han de donar (en llenguatge més col·loquial es pot dir que l'editora indica a quins comentaris de les avaluadores s'ha de fer cas i a quins no).

Normalment, autors i autores no es prenen bé els comentaris negatius dels informes, especialment si s'han formulat d'una manera poc considerada. Si la decisió de l'editora és rebutjar l'article és inevitable que es posin de mal humor (potser encara més si és una versió revisada que si es tracta de l'original). Pot ser, evidentment, que les avaluadores no hagin fet bé la seva feina o que l'editora, amb dos informes positius i un de negatiu, hagi preferit arriscar-se a rebutjar un bon article que a acceptar-ne un de dolent. Es coneixen casos concrets d'articles que han tingut un altíssim impacte i que foren rebutjats per la primera revista a què s'havien enviat[53].

Però una persona que es dediqui a la recerca ha de saber que aquests mals tragos són inherents a l'ofici i, en tot cas, ha d'analitzar curosament els comentaris de les avaluadores i, si és el cas, de l'editora, per veure com li serveixen per millorar l'article. William H. Starbuck, en el capítol 7 ("Squeezing lemons to make fresh lemonade: how to extract useful value from peer reviews") de Clark *et al.* (2016) proposa com a Regla d'Or que "No hi ha cap avaluador que estigui sempre equivocat" i la nostra experiència ens ha mostrat que gairebé sempre es útil tenir en compte aquesta regla i que és més fàcil fer-ho uns dies després de rebre l'avaluació, si aquesta és negativa.

En general, les persones que tenen una experiència llarga i reeixida com a autores i escriuen consells a les persones que s'inicien a la recerca (com ara a Clark *et al.*, 2016) donen elements a favor de tenir persistència i no desanimar-se davant d'una avaluació negativa o fins i tot del rebuig d'un article per part d'una revista, perquè aquestes persones han passat també, fins i tot quan ja tenien un prestigi

---

[53] Les opinions publicades d'autors i autores sobre les avaluacions de llurs articles i sobre les persones que les han elaborades són molt variades.

Per exemple, la lectura de diversos capítols de Clark *et al.* (2016), que contenen un bon nombre d'aquestes opinions fan pensar en l'adagi "cadascú parla de la fira segons li va en ella". Des d'autores que consideren que no són excepcionals les editores i les avaluadores que s'aprofiten de llurs posicions de poder per vetar treballs perquè contradiuen la seva pròpia obra o perquè es poden avançar a una publicació seva i devaluar-la, a altres que agraeixen les contribucions d'editores i avaluadores perquè creuen que han ajudat a millorar significativament la qualitat de l'article.

reconegut, per aquesta experiència. És clar que les revistes de més impacte, amb taxes d'acceptació del 5% o del 10%, rebutgen articles de qualitat (no tots els del 90 o 95% que s'hi envien i no s'hi publiquen poden ser mals articles: cal tenir en compte, d'una altra banda, que ja hi ha un filtre previ per part de les autores, és a dir, si aquestes consideren que un article no té gaire qualitat normalment s'abstenen d'enviar-lo a una revista molt exigent, perquè el més probable és que això impliqui una pèrdua de temps).

Si la decisió de l'editora és rebutjar l'article, s'ha de considerar si se l'envia a una altra revista, després de revisar-lo tenint en compte els comentaris rebuts, o si és millor arxivar-lo.

Quan la decisió és revisió major s'ha de sospesar l'esforç requerit per fer-la i les probabilitats estimades d'acceptació després de la revisió, per tal de concloure si és millor fer la revisió, enviar l'article a una altra revista o arxivar-lo. Quan es tracta d'una revisió menor, no hi ha dubte que s'ha de fer, perquè no donarà gaire feina i és força probable que se'n derivi l'acceptació de l'article.

En tot cas, a la revisió s'ha de donar resposta a tots els comentaris rebuts. Un per un, (i) se n'ha de fer cas i modificar l'article en conseqüència, (ii) argumentar que el comentari no és encertat o (iii) justificar que el que es proposa a l'informe d'avaluació queda fora dels límits de l'article. El que no s'ha de fer és ignorar un comentari, perquè això genera, lògicament, una reacció molt negativa per part de l'avaluadora, donat que implica una manca de consideració de la seva feina.

Elaborar una versió revisada d'un article és una tasca molt pesada, perquè normalment quan es fa un treball de recerca i s'escriu la versió original del text l'equip s'hi dedica intensament. Quan, possiblement al cap d'uns quants mesos, es reben les avaluacions, l'equip, si encara es manté com a tal, segurament està treballant intensament en una altra cosa i fer la revisió obliga a reorganitzar els plans de treball. Però no s'ha de caure en la temptació i l'error de respondre superficialment. Cal modificar l'article i redactar sengles cartes per a l'editora i per a cada una de les avaluadores en què s'expliqui punt per punt què s'ha fet, o per què no s'ha fet res, en relació amb el comentari. I tot plegat tan aviat com sigui possible, encara que només sigui per facilitar la tasca de les avaluadores, que resulta més feixuga com més temps passa d'una avaluació a una altra d'un mateix article.

La recomanació de tenir en compte tots els aspectes dels informes d'avaluació i fer-ho de manera que faciliti la feina d'editores i avaluadores no implica, ni de bon tros, que les autores hagin d'adoptar una actitud servil cap a aquestes persones. D'una banda, cal evitar frases aduladores com ara "gràcies per aquest comentari particularment perspicaç" o similars. D'una altra, i això és més important, quan es considera que un comentari de l'informe d'avaluació és equivocat s'ha de rebutjar, educadament i amb una argumentació sòlida que justifiqui aquesta posició.

Elaborada la versió revisada i les cartes, s'envien a la revista per a una nova avaluació. Aquest procés es pot repetir un nombre indeterminat de vegades. Fer una revisió s'ha de considerar com a pràcticament inevitable. Fer-ne dues o tres, normal. Més enllà, hi ha casos en què un article ha estat acceptat després de sis revisions, però això és molt excepcional.

Si finalment l'article és acceptat entra en el procés de producció, que sol ser relativament ràpid. L'editorial envia les proves (galerades), perquè es revisin (per a la qual cosa se sol atorgar un temps molt breu, com ara quaranta-vuit hores) o perquè es completi alguna informació (com ara una referència bibliogràfica), així com també els documents relatius al *copyright*. Algunes revistes publiquen a la seva pàgina web les galerades sense revisar, amb la indicació que es tracta d'un article acceptat i que el text no ha estat objecte de la correcció final. Revisades les galerades, passaran pocs dies fins que aparegui a la web de la revista el text definitiu amb el seu codi *doi*. Després, poden passar mesos fins que l'article s'inclou en un número de la revista i se li assignen els números de pàgina corresponents.

Entre una cosa i l'altra és extraordinàriament difícil que el temps transcorregut entre tramesa i publicació sigui inferior a un any. I no és estrany que superi els dos o més anys (fins a arribar als sis anys, per exemple).

Per tant, la persona que s'inicia en la recerca i disposa d'un temps molt limitat per a presentar la seva tesi o per acreditar-se, ha d'elegir temes i tipus d'articles amb probabilitat alta de ser acceptats en terminis relativament breus. Més endavant, amb una trajectòria de recerca consolidada, podrà posar en primer terme la rellevància, a risc d'afrontar terminis de publicació més llargs.

En tot cas, a causa de la durada del procés d'avaluació i edició, en bona part imprevisible, fins tot quan es tracta d'un treball de qualitat molt alta, per mantenir un ritme sostingut de publicacions cal tenir articles en fases diverses del procés (si algú, per començar a treballar en un article s'esperés fins que l'anterior fos acceptat passaria períodes molt llargs sense fer gaire recerca i sense publicar res).

Capítol 6

DIAGNÒSTICS I PERSPECTIVES

En els primers anys d'aquest segle XXI es donaven algunes circumstàncies, molt relacionades entre si, favorables a analitzar el passat i el present de la disciplina per tal de preveure'n el futur i contribuir a configurar-lo.

D'una banda, ja feia uns cinquanta anys (les revistes pioneres ja començaven a celebrar el seu mig segle) que se n'havia configurat un paradigma que començava a ser posat en qüestió, en part com a conseqüència de l'evolució dels sistemes d'aprovisionament, producció i distribució (que donà lloc a l'aparició i auge posterior del terme *supply chain*) i en part pels progressos en els mètodes, les tècniques i els instruments de càlcul.

D'una altra, en la dècada dels vuitanta del segle anterior s'havia consolidat la institucionalització de l'OM, separada de la investigació operativa: *Journal of Operations Management* (1980) EUROMA, POMS, revista POM (vegeu punt 2.1).

L'any 2001, amb motiu del 10è aniversari del Centre CIM, fui convidat a fer una conferència sobre la investigació en matèria de gestió de la producció (Corominas, 2001a), que uns mesos després repetí, amb lleugeres modificacions (Corominas, 2001b) a la Universidad Central de Las Villas, a Santa Clara (Cuba). Entre altres coses, donava elements per distingir la recerca de la mera divulgació o del xarlatanisme, analitzava el divorci entre la realitat i la representació que se'n feia en el món acadèmic i criticava l'ús innecessari d'heurístiques per resoldre problemes que es podien resoldre amb procediments exactes. Finalment preveia i advocava per:

- Tornar a la realitat.
- Anar més enllà de la mera descripció.
- No renunciar a la resolució exacta dels problemes formalitzables.
- Abordar problemes nous (nous en qualsevol dels dos sentits: (i) encara no abordats, com ara molts problemes de decisió estratègica; (ii) que sorgeixen com a conseqüència de canvis en la realitat, com ara la logística de l'e-comerç).
- Incorporar mètodes i tècniques procedents d'altres camps del coneixement[54].

Després es publicaren un parell d'articles que, des de perspectives diferents i amb aportacions específiques, coincidien en molts aspectes importants entre si i amb el meu punt de vista[55].

El primer número del volum 50 de la pionera i prestigiosa revista *Management Science,* estava dedicat a fer balanç i dibuixar perspectives en els diversos components de l'àmbit temàtic de la revista. Incloïa Chopra *et al.* (2004), centrat en *operations management ("Five decades of operations management and the prospects ahead").*

Aquest treball comença amb una síntesi de la història de la disciplina. Considera que el que en caracteritzà els inicis, en els anys seixanta del segle passat, foren els models i els algorismes per resoldre problemes d'optimització tàctics, amb un sol objectiu i un sol decisor. En les dècades dels setanta i vuitanta, els instruments de càlcul i la poca disponibilitat de dades es revelaren com els colls d'ampolla per a les aplicacions, alguns models s'anaren estereotipant, moltes àrees funcionals internalitzaren l'optimització i, mentre el món acadèmic s'entotsolava, a la indústria s'imposaven MRP, JIT i TQM. Aleshores, i com a conseqüència d'aquesta situació, es produí una reorientació de la recerca, que esdevingué més sistèmica i més interdisciplinària i feu ús de més instruments, alguns importats, per dir-ho així,

---

[54] Ciències de la computació, intel·ligència artificial, economia, teoria dels jocs.

[55] Posteriorment, Singhal i Singhal (2012a) presentà també una síntesi de l'evolució de la disciplina OM & SCM i una proposta de perspectives, però no afegeix elements substancials als que ja figuren en els dos articles al·ludits.

d'altres disciplines; els autors propugnen retornar als orígens, és a dir, entre altres coses, al contacte amb la realitat i a la interdisciplinarietat. L'any 1987 la política editorial del departament de *Manufacturing, Distribution and Service Operations* de *Management Science* es reformulà així: "són particularment interessants els articles que tracten qüestions estratègiques com ara la selecció i l'impacte de noves tecnologies de producció o d'informació, i els articles que poden proporcionar una visió més penetrant o models simples per orientar la política de manufactura i de servei". Quant al futur, a l'article es preveu que la recerca sigui més interfuncional *(cross-functional)*, és a dir, que consideri de manera més integrada les àrees funcionals de l'empresa i pel que fa als temes enumeren els set següents:

- SC.
- Relació OM-màrqueting.
- Relació OM-finances.
- Relació OM amb gestió de personal i comportament organitzatiu.
- Operacions en els serveis.
- Estratègia d'operacions.
- Disseny i millora de processos.

Dos anys més tard es publicava l'article *"Supply chain management and Production and Operations Management: review, trends and opportunities"* (Kouvelis *et al.*, 2006) en el volum 15 de *Production and Operations Management.* Com mostra el títol, el protagonisme l'assumeix totalment la SC. En primer lloc, s'hi analitza la temàtica dels articles publicats a la revista, des del seu primer número, relatius a la SC:

- Dinàmica de la SC i l'efecte *bullwhip.*
- Disseny de la SC, decisions sobre capacitat i aprovisionament.
- Pràctica de la gestió de la SC: estoc gestionat pel venedor (VMI: *Vendor Managed Inventory*) i reenginyeria.
- Planificació i programació de la SC.
- Docència de la gestió de la SC.
- Coordinació de la SC: compartició d'informació, incentius i contractes.
- Reptes de la coordinació multi-canal: coordinació d'aprovisionament i distribució *offline* i *online.*
- Disseny per a la gestió de la SC: posposició i varietat de producte.
- Protecció de les operacions i gestió del risc a la SC.

Després, indiquen els que consideren temes emergents (amb molt encert, es pot afirmar més de deu anys després):

- Pertorbacions a la SC (a causa de desastres naturals o, diguem-ne, artificials, és a dir, producte de l'activitat humana).
- SCs amb bucle tancat (*closed loop* SCs).
- Aspectes mediambientals (verds).

I, finalment, el que consideren oportunitats per al futur de la recerca:

- "Empaquetar" els resultats acadèmics perquè siguin aplicables per professionals.
- Recerca orientada empíricament.
- Agents múltiples.
- Tendències.
- Serveis (inclou salut i educació).
- Interfície amb temes tradicionals (com ara, gestió de la qualitat).
- Impacte de la RFID *(radio frequency identification).*

Sis anys més tard es publicà el llibre *Switchpoints for the Future of Logistics* (Wieck *et al.*, 2012), en què s'enumeren les cruïlles que es preveuen en el futur de la logística i de la SC. No es tracta d'una proposta de línies de recerca, sinó de disjuntives, el resultat de les quals, ara mateix incert, configurarà l'entorn de la recerca en l'àmbit de la SC i el tipus de problemes que s'hi plantejaran:

- Fonts de matèries primeres; secundàries o primàries?
- Reciclatge: centralitzat o local?
- Desequilibris en el subministrament de menjar i d'aigua: agreujament o solucions locals?
- Resposta al desequilibri de subministrament: migracions a gran escala o redistribució de recursos?
- Cost del combustible: coll d'ampolla sever o salvació a temps?
- SCs: globalització o regionalització?
- Divisió de tasques: especialització o integració?
- Cicle de vida dels productes: cada vegada més curt o estabilització?
- Clústers de negocis: sectorials o regionals?
- Comportament dels compradors: compra des de casa o en el comerç minorista local?
- Fluxos de trànsit: separació o integració?
- Estàndards per a tecnologies de la informació: estàndards globals o sistemes propietaris?
- Tecnologies de selecció d'itineraris: selecció local o centralitzada?

- Interacció en interfícies: cara a cara o automatització?
- Xarxes de darrera milla: integrades o separades?
- Nivell de sostenibilitat: oportunitat per distingir-se o estàndard homogeni?
- Promotor de sostenibilitat: demanda o regulacions?

Actualment, en la meva opinió, tal com s'exposa més detalladament a Corominas (2013), els principals temes emergents són:

- Disseny de la cadena (xarxa) d'aprovisionament:
  - Mètode,
  - Fiabilitat, robustesa,
  - Resiliència.
- Logística inversa, SCs *closed-loop*.
- Sostenibilitat, logística verda.
- Logística humanitària.

La problemàtica associada al disseny i la gestió de les cadenes de subministrament és extensa, complexa i encara molt inexplorada. És un àmbit idoni per fer recerca d'impacte i, sobretot, rellevant, que finalment és el que importa, o hauria d'importar.

REFERÈNCIES

Aghion, P., Dewatripont, M., Hoxby, C., Mas-Colell, A., & Sapir, A. (2008). *Higher aspirations: An agenda for reforming European universities.* Bruegel.

Barratt, M. Choi, T.Y., & Li, M. (2011). Qualitative case studies in operations management: Trends, research outcomes, and future research implications. *Journal of Operations Management,* 29, 329-342. https://doi.org/10.1016/j.jom.2010.06.002

Booth, W.C., Colomb, G.G., & Williams, J.M. (1995). *The Craft of Research*[56]. The University of Chicago Press.

Childe, S.J. (2011). Case studies in operations management. *Production Planning & Control,* 22(2), 107-107. https://doi.org/10.1080/09537287.2011.554736

Chopra, S., Lovejoy, W., & Yano, C. (2004). Five decades of operations management and the prospects ahead. *Management Science,* 50(1), 8-14. https://doi.org/10.1287/mnsc.1030.0189

Clark, T., Wright, M., & Ketchen, D.J. Jr. (Eds.) (2016). *How to get published in the best management journals.* Edward Elgar. https://doi.org/10.4337/9781784714680

Corominas, A. (2013). Supply chains: What they are and the new problems they raise. *International Journal of Production Research,* 52(23-24), 6828-6835. https://doi.org/10.1080/00207543.2013.852700

[56] Hi ha versió en castellà: *Cómo convertirse en un hàbil investigador.* Gedisa, 2001.

Corominas, A., Mateo, M., Ribas, I., & Rubio, S. (2015). Methodological elements of supply chain design. *International Journal of Production Research,* 53(16), 5017-5030. DOI: 10.1080/00207543.2015.1013641. https://doi.org/10.1080/00207543.2015.1013641

Creedy, J. (2008). *Research without tears.* Edward Elgar.

Cummings, N. (2016). *Has Analytics come of age?* Inside O.R., 549, p. 8.

Davenport, T.H. (2006). Competing on Analytics. *Harvard Business Review,* 84(1), 98-107

de Kok, A.G. & Graves, S.C. (2003). *Supply chain management: design, coordination and operation.* Handbooks in operations research and management science. North-Holland, 1993.

de Mesnard, L. (2017). Attributing credit to coauthors in academic publishing: The 1/n rule, parallelization and team bonuses. *European Journal of Operational Research,* 260, 778-788. https://doi.org/10.1016/j.ejor.2017.01.009

Eco, U. (1977). *Come si fa una tesi di laurea*[57]. Bompiani.

Fontanet, I. (Ed.) (2011). *Cómo escribir un articulo de investigación en inglés,* 2ª ed. Alianza.

George Jr., C.S. (1974). *Historia del pensamiento administrativo.* Ediciones del Castillo.

Giménez-Toledo, E. (2016). *Malestar. Los investigadores ante su evaluación.* Iberoamericana-Vervuert.

Graves, S.C., Rinnooy Kan, A.H.G., & Zipkin, P.H. (Eds.) (1993). *Logistics of production and inventory.* Handbooks in operations research and management science. North-Holland, 1993.

---

[57] Hi ha versió en castellà: *Cómo se hace una tesis: técnicas y procedimientos de estudio, investigación y escritura* (6ªed.). Gedisa, 2009.

Guide, D., & Ketokivi, M. (2015). Notes from the Editors: Redefining some methodological criteria for the journal. *Journal of Operations Management,* 37, v-viii. https://doi.org/10.1016/S0272-6963(15)00056-X

Gupta, S., Verma, R., & Victorino, L. (2006). Empirical Research Published in Production and Operations Management (1992-2005): Trends and Future Research Directions. *Production and Operations Management,* 15(3), 432-448. https://doi.org/10.1111/j.1937-5956.2006.tb00256.x

Hall, D., & Braithwaite, A. (2001). The development of thinking in supply chain and logistics management. Cap. 6 de Brewer *et al., Handbook of logistics and supply-chain management,* 81-98. Elsevier.

Holsapple, C., Lee-Post, A., & Pakath, R. (2014). A Unified Foundation for Business Analytics. *Decision Support Systems,* 64, 130-141. https://doi.org/10.1016/j.dss.2014.05.013

Hooker, J.N. (1994). Needed: An empirical science of algorithms. *Operations Research,* 42, 201-212. https://doi.org/10.1287/opre.42.2.201

Hooker, J.N. (1996). Testing heuristics: We have it all wrong. *Journal of Heuristics,* 1, 33-42. https://doi.org/10.1007/BF02430364

Hutchins, R. (1959). *La universidad de Utopía.* Eudeba.

Kendall, G., Bai, R., Blazewicz, J., De Causmaeckers, P., Gendreau, M., John, R. *et al.* (2016). Good Laboratory Practice for optimization research. *Journal of the Operational Research Society,* 67, 676-689. https://doi.org/10.1057/jors.2015.77

Ketokivi, M., & Choi, T. (2014). Renaissance of case research as a scientific method. *Journal of Operations Management,* 32(5), 232-240. https://doi.org/10.1016/j.jom.2014.03.004

Kouvelis, P., Chambers, C., & Wang, H. (2006). Supply chain management and Production and Operations Management: review, trends and opportunities. *Production and Operations Management,* 15, 3, 449-469. https://doi.org/10.1111/j.1937-5956.2006.tb00257.x

Lambert, D.M. (2001). The supply chain management and logistics controversy. Cap. 7 de Brewer *et al.*, *Handbook of logistics and supply-chain management*, 99-126. Elsevier.

Lovejoy, T.I., Revenson, T.A., & France, C.R. (2011). Reviewing Manuscripts for Peer-Review Journals: A Primer for Novice and Seasoned Reviewers. *Annals of Behavioral Medicine*, 42, 1-13. https://doi.org/10.1007/s12160-011-9269-x

Martin, B.R. (2016). Editors' JIF-boosting stratagems – Which are appropriate and which not? *Research Policy*, 45, 1-7. https://doi.org/10.1016/j.respol.2015.09.001

Mosterín, J. (2013). *Ciencia, filosofía y racionalidad.* Gedisa.

Nielsen, M.A. (2004). *Principles of effective research.* http://michaelnielsen.org/blog/principles-of-effective-research/

Oliver, R.K., & Webber, M.D. (1982). *Supply-chain Management: Logistics Catches up with Strategy.* Outlook, Booz, Allen and Hamilton Inc. Reprinted 1992, in *Logistics: the Strategic Issues,* edited by M. Christopher, 63-75. Chapman Hall.

Pastor, R., & Corominas, A. (2004). Branch and win: OR Tree Search Algorithms for solving Combinatorial Optimisation Problems. *TOP*, 12(1), 169-191. https://doi.org/10.1007/bf02578930

Silver, E.A. (2009). Some ideas on enhancing research productivity. *International Journal of Production Economics,* 118, 352-360. https://doi.org/10.1016/j.ijpe.2008.08.037

Singhal, K., & Singhal, J. (2012a). Imperatives of the science of operations and supply-chain management. *Journal of Operations Management,* 30, 237-244. https://doi.org/10.1016/j.jom.2011.11.003

Singhal, K., & Singhal, J. (2012b). Opportunities for developing the science of operations and supply-chain management. *Journal of Operations Management,* 30, 245-252. https://doi.org/10.1016/j.jom.2011.11.002

Smith-Miles, K., Baatar, D., Wreford, B., & Lewis, R. (2014). Towards objective measures of algorithm performance across instance space. *Computers & Operations Research,* 45, 12-24. https://doi.org/10.1016/j.cor.2013.11.015

Smith-Miles, K., & Bowly, S. (2015). Generating new test instances by evolving in instance space. *Computers & Operations Research,* 63, 102-113. https://doi.org/10.1016/j.cor.2015.04.022

Söderlund, J., & Bakker, R.M. (2014). The case for good reviewing. *International Journal of Project Management,* 32, 1-6. https://doi.org/10.1016/j.ijproman.2012.11.007

Sohdi, M.S., & Tang, C.S. (2014). Guiding the next generation of doctoral students in operations management. *International Journal of Production Economics,* 150, 28-36. https://doi.org/10.1016/j.ijpe.2013.11.016

Sörensen, K. (2015). Metaheuristics–the metaphor exposed. *International Transactions in Operational Research,* 22, 3-18. https://doi.org/10.1111/itor.12001

Sun, H., & Linton, J.D. (2014). Structuring papers for success: Making your paper more like a high impact publication than a desk reject. *Technovation,* 34(10), 571-573. https://doi.org/10.1016/j.technovation.2014.07.008

Tharenou, P., Donohue, R., & Cooper, B. (2007). *Management research methods.* Cambridge University Press. https://doi.org/10.1017/cbo9780511810527

Troutt, M.D. (1998). Some quality improvement principles useful in the OR/MS research and publication process. *Operations Research,* 46(2), 176-183. https://doi.org/10.1287/opre.46.2.176

Voss, C., Tsikriktsis, N., & Frohlich, M. (2002) Case research in operations management. *International Journal of Operations & Production Management,* 22(2), 195-219. https://doi.org/10.1108/01443570210414329

Wieck, I., Streichfuss, M. Klaas-Wissing, T., & Stölze, W. (2012). *Switchpoints for the Future of Logistics.* Springer. https://doi.org/10.1007/978-3-642-23493-4

AUTOR

Albert Corominas és catedràtic d'universitat emèrit d'enginyeria d'organització a la Universitat Politècnica de Catalunya (UPC), en la qual està vinculat a l'Institut d'Organització i Control, al departament d'Organització d'Empreses i a l'E. T. S. d'Enginyeria Industrial de Barcelona. És enginyer industrial i doctor enginyer industrial per la Universidad de Valladolid i llicenciat en informàtica per la Universidad Politécnica de Madrid. La seva activitat de recerca es centra en la modelització i la resolució, mitjançant tècniques d'optimització, de problemes d'enginyeria d'organització i en el desenvolupament de conceptes i metodologia per al disseny de les *supply chains*. Ha participat en nombrosos projectes de recerca i de transferència. És autor o coautor de llibres i d'articles publicats a AoOR, C&IE, C&OR, EJOR, IJFMS, IJPE, IJPR, INFOR, Interfaces, JoSh, JORS, Omega i ORL, entre altres revistes. És membre del grup de recerca EOLI, de diverses societats científiques i de consells editorials, entre els quals el de l'International Journal of Production Research. (http://futur.upc.edu/AlbertCorominasSubias)

Made in the USA
Monee, IL
08 November 2026

67377450R00050